GUIDE PRATIQUE

DE

SERRURERIE USUELLE ET ARTISTIQUE

IMPRIMERIE L. TOINON ET Cᵉ, A SAINT-GERMAIN.

GUIDE PRATIQUE

DE

SERRURERIE USUELLE & ARTISTIQUE

A L'USAGE DES ARCHITECTES

DES CHEFS D'ATELIER, DES OUVRIERS ET DES PROPRIÉTAIRES

PAR

B. LAVEDAN

SERRURIER ORNEMANISTE ET CONSTRUCTEUR

FOURNISSEUR BREVETÉ DE S. M. L'IMPÉRATRICE

PARIS

LIBRAIRIE ARTISTIQUE E. DEVIENNE ET Cᵉ, ÉDITEURS

18, RUE BONAPARTE, 18

—

1867

INTRODUCTION

Une introduction est toujours difficile à faire. Elle est quelquefois longue et embrouillée; la nôtre sera claire et courte.

Travailleur infatigable, notre mérite (si mérite il y a) est tout à fait pratique et né de besoins que l'absence de modèles d'une valeur sérieuse rendait chaque jour plus impérieux et plus pressants.

L'esprit constamment tendu vers cette belle serrurerie de la Renaissance, c'est le cœur gros de regrets que nous constatons l'invasion désordonnée de la fonte de fer dans les constructions et embellissements actuels de tout genre. Ce grossier métal, s'il est, par sa nature et la modicité de son prix, avantageux, dans certains cas, à l'industrie et à l'art mécanique, doit être exclu de tout ouvrage d'ornementation en raison de son manque de consistance aussi bien que de son peu de possibilité à se prêter aux formes gracieuses et déliées d'un dessin de goût. Quoi qu'on en doive penser, la fonte, nous ne craignons pas de le dire, a fait, les fabriques aidant, reculer la serrurerie de plusieurs siècles.

En effet, tandis qu'en dehors de cet art tout n'est que merveilles, presque miracles, quelque chose d'insaisissable semble le clouer à la place où l'ont laissé ceux qui, l'ayant compris, lui avaient fait occuper le rang qui lui convenait.

Elle a bien à diverses époques essayé de briser son collier, mais ceux qui ont voulu lui faire prendre son essor, fatigués de voir qu'au lieu de s'envoler vers les régions du progrès elle se traînait péniblement sans avancer d'un seul pas, ont pris le parti de l'abandonner à son malheureux sort.

Pour nous, nous avions dès longtemps remarqué l'entrave, mais le moyen de la délier ne laissait pas que de présenter de nombreuses difficultés.

Nous avons de tout temps fait d'inimaginables efforts pour la débarrasser de ses liens et la faire majestueusement planer au-dessus de tout ce qui semblait insulter à sa chute.

Tous les travaux que nous avons exécutés jusqu'à ce jour prouvent que nous avons prêché d'exemple et cherché, en les faisant remarquer, d'ardents imitateurs.

Le moyen était bon mais incomplet. Le nombre de ceux qui auraient pu apprécier nos œuvres eût été relativement très-restreint. Il fallait quelque chose de plus général.

Un retour, d'ailleurs, vers les œuvres en fer forgé semblait se manifester depuis l'appel vigoureux fait par un membre de l'Institut (M. le comte de Laborde), à la suite de l'Exposition de 1851, et la belle serrurerie ancienne a trouvé des interprètes égalant les Destriche et les Girard. — Mais c'est à peine un point perdu dans l'espace.

Cette rénovation a révélé beaucoup d'écrivains sans doute, mais peu d'ouvriers, parce que nul n'a songé à eux.

Voilà pourtant par où il aurait fallu commencer.

Car la fumée de la forge n'a rien en soi qui altère l'intelligence dans ses applications artistiques, et la main vigoureuse qui force le fer à prendre toutes les formes peut, sans effort, se servir du marteau à repousser, du mandrin, de l'étampe et du burin.

D'habiles crayons, il est vrai, ont brillamment reproduit les travaux qui émerveillent encore de nos jours les visiteurs de nos résidences impériales et de nos cathédrales; mais c'est en vain que nous avons cherché un dessin capable de guider celui qui aurait voulu l'exécuter.

De même qu'il fallait tenir compte des diverses aptitudes, il fallait comprendre que les œuvres de la forge destinées à l'art de la construction et à l'usage domestique nécessitent une certaine étude.

C'est donc à l'atelier qu'il fallait aller d'abord, pour y voir immédiatement derrière chaque enclume, derrière chaque étau, non pas un artiste, mais bien certainement des hommes susceptibles de le devenir.

Qu'importent les discours, qu'importent les groupes de types? Ce qu'il faut surtout, ce sont des ouvriers capables de satisfaire aux besoins que peut faire naître le goût de l'art : la première chose à faire était de s'occuper de les former.

Mais où et comment? — En pénétrant dans chaque forge, et en renonçant à tout dire; en s'appliquant à démontrer l'importance de la matière traitée et en fournissant le moyen de vaincre les difficultés que semble parfois présenter l'ensemble d'une œuvre d'art.

Voilà ce que, sans succès, nous avons longtemps cherché ; quoique nous nous soyons adressé partout, nous n'avons jamais pu nous procurer autre chose que des images ou de mauvaises et prosaïques compositions.

Les premières décourageaient les ouvriers parce qu'elles étaient illisibles et semblaient ne pas s'appliquer spécialement à la serrurerie.

Les secondes les attachaient d'autant moins qu'elles n'avaient rien à leur apprendre.

Ici, trop de dessin ; là, manque absolu de forme et de grâce ; — partout, lacune ou insuffisance.

Que faire alors ?

Entre nos scrupules et le désir d'être utile à nos confrères, notre choix a été bientôt fait.

Nous avons courageusement réuni les éléments de cet ouvrage, dont les laborieux essais nous ont servi de documents et nous nous sommes cru d'autant plus autorisé à les présenter comme une collection de riches et précieux modèles, que nos dessins ne sont en grande partie que la fidèle reproduction d'une série de travaux commencés depuis plus de trente ans.

Et pendant qu'autour de nous, quelques-uns par incapacité, d'autres par calcul, suivaient l'ornière tracée, toutes nos aspirations tendaient à rappeler à la vie un art que notre père avait tant aimé et qu'il avait lui-même illustré ; — car les principes traditionnels que nous tenions de sa sollicitude et d'une science profonde qui le plaçait au-dessus de ses confrères, nous faisaient déjà, alors que nous avions à peine quinze ans, remarquer de nos frères du *Tour de France*, lesquels professaient pour tout ce qui sortait de nos mains une si grande admiration, que par moments l'enthousiasme devenait presque une religion.

Et ce n'est pas sans sentir notre cœur remué d'une douce émotion que nous nous souvenons qu'en certains jours de fête, l'exaltation allant *crescendo*, nous dûmes consentir à laisser porter nos œuvres en triomphe dans la ville de Bordeaux.

Nous n'en avons jamais tiré vanité.

Mais il nous semble naturel pourtant d'en garder le souvenir et de s'y laisser aller quelquefois comme à une pensée de consolation et de bonheur ! . . . .

Oh ! oui, si loin que soient de nous ces jours d'applaudissements et de succès, l'image de ce char enrubanné traîné par nos camarades eux-mêmes, et montrant à tous ce qu'ils appelaient un chef-d'œuvre, est toujours là, devant nous, pleine de vie et de fraîcheur. Nous pouvons vieillir, mais non oublier ce que cette musique entraînante avait de mélodieux pour nous, lorsque les bruyants accords d'une marche triomphale enlevaient le cortége si imposant de ces loyaux et généreux compagnons, heureux de fêter cordialement le plus jeune de leurs frères.

C'est donc à vous, bien-aimés ouvriers, que nous nous adressons particulièrement, et nous vous adjurons de prêter votre concours à la réédification de ce grand art, si apprécié de nos aïeux, qu'une déplorable incurie, tandis que tout progressait autour de lui, a laissé tomber en désarroi.

Que les hôtes musculeux de la forge aux parois noircies prouvent que de leur mâle front peut découler une sueur assez abondante pour féconder le sol qui doit produire les rénovateurs !

L'impulsion est donnée, en avant, en avant ! . . . . . . Si le culte du beau n'a pas entièrement disparu, si les admirateurs des Quentin Metsys, des Biscornette et autres célèbres artistes du moyen âge et de la Renaissance, conservent encore quelques vestiges de leur enthousiasme pour les chefs-d'œuvre véritablement admirables de la serrurerie, nous sommes sûr de trouver de l'écho et de réveiller la sympathie dans tous leurs cœurs. En dehors de l'art, ou pour mieux dire avec son concours, il s'agit d'ailleurs d'atteindre le triple but du bon marché, de la solidité et de la beauté !

Nous objectera-t-on l'impossibilité d'obtenir ce résultat qui, à premier examen, paraît un véritable tour de force ?

Si nous ne nous étions imposé la tâche d'être clair et que nous ne voulussions démontrer d'une manière irréfutable l'exactitude des faits que nous avançons, nous ne prendrions pas la peine de répondre, persuadé que les hommes intelligents entre les mains desquels notre livre, nous l'espérons, est appelé à se trouver, seront du même avis que nous et feront justice de tout méchant bruit.

Souvent l'appréciation des ouvrages en fer forgé ou fondu est purement et simplement basée sur la différence de prix des uns et des autres, par kilogramme. En partant de cette base on ne peut rendre qu'un jugement imparfait, car en réalité on n'y tient pas compte de la composition intellectuelle d'abord, ni de ce qu'il peut y avoir ensuite d'onéreux pour soi à acheter une énorme masse qu'on pourrait le plus souvent avantageusement remplacer par un objet gracieux, dont les légers enroulements feraient une véritable chose d'art, tout en restant dans les conditions d'un prix de revient essentiellement inférieur.

Voilà pourquoi les balcons de telle ou telle maison sont identiques en dépit de la différence de style de l'une ou de l'autre construction.

Dans le commerce, on vous livre l'objet dans les dimensions ordinaires, mais à prendre et à choisir parmi les modèles en magasin. Dans le cas le plus favorable, si l'on fait une commande à votre intention, on ne peut jamais que recourir au répertoire souvent très-exigu de la maison qui fabrique, et dont les dessins se ressemblent tous à peu de chose près.

La serrurerie, au contraire, nous offre la ressource de ses riches moyens. L'ouvrier auquel vous donnerez votre confiance fera, en véritable artiste, l'étude de vos besoins, celle des genres, des convenances, etc., et de cette préférence que vous aurez donnée au fer, sur la fonte, découleront de sérieux avantages pour vous.

Nous avons donc raison de dire : l'art est un véritable soleil dont les vivifiants rayons réchauffent et raniment toutes les intelligences.

GUIDE PRATIQUE

DE

SERRURERIE USUELLE ET ARTISTIQUE

PAR

B. LAVEDAN

SERRURIER ORNEMANISTE ET CONSTRUCTEUR, FOURNISSEUR BREVETÉ DE SA MAJESTÉ L'IMPÉRATRICE

PREMIÈRE PARTIE

La première partie comporte, savoir : Clés, entrées, serrures, cache-entrées, coffres-forts et détails d'exécution.

La serrurerie est-elle un art?

Nous n'aurons pas besoin d'une dissertation très-étendue pour prouver que nous avons raison de répondre affirmativement.

S'est-on, de tous les temps, occupé d'ouvrer le fer ?

Évidemment non. Mais il n'en est pas moins vrai, pourtant, que l'enfance de cet art remonte à nos premiers pères et se perd dans la nuit des temps.

Au fur et à mesure de l'accroissement des races, le besoin de se mettre à l'abri d'un coup de main fit comprendre à chacun que de même qu'il importait de forger des armes pour la défense de sa tribu et pour mettre un frein à l'ardeur envahissante de voisins jaloux et mal intentionnés, il était nécessaire de s'occuper de la sécurité de sa famille et du moyen de sauve-garder sinon son trésor, du moins les objets les plus indispensables à la vie.

Que firent donc ces peuples primitifs?

Ah! sans doute, le premier système de serrures qui sortit des mains de ces hommes grossiers, généralement bergers ou laboureurs, était bien loin d'approcher de la perfection, et consistait tout simplement dans la combinaison plus ou moins intelligente de quelques pièces de bois grossièrement travaillées.

Combien de temps les choses restèrent-elles dans cet état? C'est ce que nous ne saurions préciser bien positivement, mais ce qu'il y a de certain, c'est que l'esprit civilisateur ayant bientôt enfanté des génies, l'ère des merveilles commença avec eux.

Combien de fois n'avons-nous pas gémi en pensant au soin avec lequel les amis de l'art conservent quelques pièces de serrurerie du moyen âge, et le prix qu'ils semblent y attacher nous a souvent fait l'effet d'une sanglante injure jetée à la face de notre époque, que, si l'on peut ainsi parler, nous appelons un honteux interrègne de notre art.

Nous vous le demandons, cette humiliante préférence ne vous a-t-elle jamais donné la mesure de la valeur artistique actuelle ?

Mais je sais d'avance ce que l'on va me répondre.

« A quoi bon faire des clés, à quoi bon faire des serrures, puisqu'il est prouvé que les fabriques les livrent à un prix tellement vil qu'il nous serait matériellement impossible de manger du pain en travaillant dans les conditions si défavorables d'une folle concurrence ? Et il serait absurde, de notre part, d'en agir autrement, alors que s'offre abondamment à nous un travail courant et lucratif.

» Eh quoi ! lorsque les bénéfices certains doivent ressortir pour nous d'une masse de *grosserie* exécutée sur une très-large échelle, nous les dédaignerions pour des minuties d'autant plus onéreuses qu'elles sont hérissées de difficultés ? ».

Au point de vue d'un sordide intérêt, nos très-chers confrères, vous avez raison ; mais au nôtre, permettez-nous de vous le dire, vous avez grandement tort.

Car il n'y a certainement pas que des serrures à faire ; il y a aussi, et nous l'admettons comme vous, la grosse serrurerie, qui vaut bien la peine d'être prise en considération. — Toutefois, l'un n'exclut pas l'autre.

Raisonnons. . . . .

La grille la plus matérielle n'a généralement qu'une serrure ; — et en aurait-elle deux, trois, quatre même, qu'il ne nous semblerait pas trop préjudiciable pour vous de vous livrer pendant quelques heures de certains jours, à vos moments perdus, par exemple, à un travail de goût en rapport avec l'importance de la fourniture que vous préparez simultanément.

Dites-nous-le encore, pensez-vous que la porte maîtresse, dont on vous a confié le ferrement, ne mériterait pas tous vos soins et cette application à bien faire ne porterait-elle pas avec elle son fruit? Franchement, si tel n'est pas votre avis nous ne serons jamais d'accord. Mais nous irons plus loin encore.

Ce travail, pour lequel vous professez une indifférence d'autant plus grande qu'il vous est absolument inconnu, aura pour vous les plus grands charmes dès que vous aurez pris l'habitude de vous y exercer; et il mérite bien, ce nous semble, de devenir une de vos occupations favorites. Il a été, d'ailleurs, l'un des plus agréables passe-temps de têtes couronnées, et vous devriez être fiers de penser que des mains royales ne l'ont pas dédaigné. Il nous semblerait si naturel de voir occuper à notre art le premier rang, entre tous les autres que l'usage de la clé et de la serrure est un de nos premiers et plus indispensables besoins. C'est la serrure et la clé qui gardent le tabernacle et mettent l'hostie sainte à l'abri de sacriléges profanations.

C'est la serrure et la clé dont la protection efficace est essentiellement générale, qui sont, en un mot, notre sécurité.

Nous avons donc raison de le dire; cette question doit nous intéresser au double point de vue de l'intérêt et de l'art, et son importance devrait, non-seulement nous faire comprendre la nécessité de la prendre en considération, mais encore nous faire véritablement aimer quelque chose de si essentiel. Pour nous, qui connaissons ses attraits, nous vous le conseillons comme un délassement et nous sommes persuadé que vous ne tarderez pas à le trouver agréable, attachant et préférable à tout autre.

Alerte donc, courageux compagnons, robustes travailleurs du fer, l'ennemi menace la frontière de l'atelier et vient jusque sous le manteau du fourneau incandescent vous jeter son arrogant défi.

Courage! courage!

Courage, et bientôt nous aurons la certitude que nos ouvrages seront estimés à l'égal des œuvres de nos maîtres et nous pourrons fièrement dire: «Non, notre époque n'a pas dégénéré. Elle est encore digne d'attention et d'estime. A chaque siècle son progrès, à chaque âge de l'humanité ses grands artistes. Pourquoi d'ailleurs ne deviendrait-on pas célèbre en maniant le fer? Est-ce que la matière exclut l'habilité de la main, et son prix ou son usage peuvent-ils empêcher les combinaisons de la forme et les inventions du génie? Si cela était vrai, que serait-il advenu d'Albert Durer, de Benvenuto Cellini, et de tous ces ouvriers immortels qui ont creusé le bois, découpé l'ivoire au ciseau, tordu l'argent, le cuivre, le fer, tous les métaux enfin, même les plus durs, comme un sculpteur pétrit la cire?

Reconnaissons-le donc. Si l'on a dit avec raison, pour la poésie, que *le temps ne faisait rien à l'affaire*, il en est de même du métal en ce qui concerne notre art. Bien que, comparé au diamant et à l'or, le fer ne soit qu'une matière vile, il n'empêche rien et se prête à tout. Ductile et malléable, grâce à la forge et au marteau, nous le voyons s'enrouler en spirales, se dérouler en capricieuses arabesques, s'élever vers le ciel comme l'arc ogival; puis, joignant la solidité à l'élégance, se montrer partout sans lourdeur et accomplir des prodiges de force et d'audace. Je l'ai vu même, en de rares ouvrages il est vrai, et remarquables par leur exquise finesse, ressembler à une dentelle noire sortie de la main des fées.

Le motif de son délaissement et de sa non-application aux ouvrages d'art, réside donc tout simplement dans notre indifférence ou dans notre manque d'étude et de patience. Ceci étant bien entendu, la chose est facile à réparer.

EXPLICATION DES PLANCHES DE LA PREMIÈRE PARTIE

Les planches nos 1, 2, 3, 4, 5, 6, 7, 8 et 9 donnent les dessins de plusieurs clés; les anneaux et les embases sont variés, les pannetons sont formés avec les lettres de l'alphabet, genre capitales. Ce système de clés est très convenable pour portes cochères; presque tous ces pannetons sont incrochetables, produisent un très-bel effet, et offrent à l'ouvrier l'avantage de flatter le goût de son client en lui donnant une serrure ayant ses initiales pour entrée et fausse entrée.

Principes d'exécution

Pour obtenir ce genre de clés, solides, l'ouvrier aura le soin en les forgeant de couder son fer à l'endroit du panneton pour qu'il se trouve de fil et puisse par ce moyen résister à l'effort que doit faire la clé en forçant sur le pène de la serrure; ces pannetons, quoiqu'ils paraissent compliqués, sont d'une exécution très facile au moyen de trous que l'ouvrier peut percer pour les évider; il peut ensuite passer des mandrins de manière à n'avoir presque pas à limer.

Les planches nᵒˢ 10, 11 et 12 sont également des clés variées; les pannetons forment ensemble un jeu de chiffres. Ces clés trouvent leur emploi dans une maison où il y a plusieurs dépendances, ayant chacune leur numéro distinct, puis elles sont d'une solidité incontestable.

Le principe d'exécution est le même que pour les précédentes.

PLANCHE Nᵒ 13

La clé nᵒ 1 de cette planche a une pique en forure avec planche au panneton, garniture à étoile, rouets et dents de râteau.

Le nᵒ 2 a la forure à trèfle, panneton, etc., avec planche et croix.

Le nᵒ 3, un cœur en forure, panneton avec planche et croix de Malte.

La composition de ces trois clés est originale et produit cependant beaucoup d'effet.

PLANCHE Nᵒ 14

Trois clés différentes : la clé du milieu a un trèfle régulier en forure, l'anneau est formé d'une tête chimérique attachée par un câble à un anneau.

PLANCHE Nᵒ 15

La clé nᵒ 1 a la forure carrée, le panneton avec garniture; l'embase est à jour, une tête d'ange à ailes croisées remplit le vide de l'anneau.

Le nᵒ 2 a la forure carrée double, panneton avec garniture; deux dauphins forment l'anneau.

Le nᵒ 3 a un triangle en forure; une tête d'ange aux ailes déployées couronne l'anneau.

PLANCHE Nᵒ 16

La clé nᵒ 1 est formée de trois serpents rongeant une pomme.

Le nᵒ 2 ; l'embase représente une tête de veau, les cornes forment l'anneau.

Le nᵒ 3 a deux serpents entrelacés à la tige, portant les têtes menaçantes à la partie supérieure et formant l'anneau.

PLANCHE Nᵒ 17

Trois sujets lugubres applicables aux serrures de grilles de tombeaux.

PLANCHE Nᵒ 18

La clé du milieu de cette planche est composée d'un sujet de chasse, le panneton est formé d'un cor.

Le fusil, le carnier, deux têtes de chien et la poire à poudre complètent l'ensemble de la clé.

Les deux autres clés imitent deux troncs d'arbre; deux oiseaux ornent les anneaux.

PLANCHE N° 19

Trois clés artistiques : le n° 1 représente un compas d'épaisseur en panneton.

Le n° 2, deux clés en panneton.

Le n° 3, un compas, une équerre et un niveau.

Les embases sont à jour, dites à lanterne.

Principes d'exécution

Ces clés doivent être faites de deux pièces soudées à l'argent une fois ébauchées.

L'ouvrier forgera par conséquent sa clé en deux parties, préparera la forure et terminera entièrement sa tige à l'extérieur; il pourra également faire son panneton, ayant plus de facilité débarrassé de son anneau; il percera un trou par bout à l'embase, guidant sa profondeur selon le dessin qu'il aura choisi; il fera un bouchon qu'il prendra dans un morceau de fer d'environ 0,006 qu'il épaulera à moitié épaisseur. En faisant rentrer l'une dans le trou de l'embase, il aura soin que l'autre partie reborde d'un ou deux millimètres; cela fait, il donnera une chaude ressuante, frappera par bout avec un rivoir en faisant porter son anneau contre l'enclume, ayant soin de bien rabattre les amorces; procédant ainsi, il obtiendra une bonne soudure, et sans aucune difficulté il ajustera la tige de la clé à l'embase, faisant ses entailles bien justes et selon la forme de sa forure, et il réduira l'épaisseur de son embase à un millimètre environ, ce qui lui donnera la facilité de vider tout autour le dessin qui lui conviendra; cela fait, il soudera la réunion des deux parties tel que cela a été déjà dit.

PLANCHE N° 20

La clé n° 1, une étoile en panneton; la forure porte une croix intérieure, l'anneau est formé de deux serpents renversés et entrelacés.

Le n° 2, ce panneton représente une croix de Malte simple, une tige à trèfle dans la forure, l'anneau se compose d'un serpent rongeant sa queue.

Le n° 3 a le panneton formé d'une croix de Malte portant ses boules, l'anneau représente deux serpents entrelacés, l'un mordant la queue de l'autre; les embases sont taillées.

PLANCHE N° 21

Le n° 1 donne le dessin de la clé ayant été dans les mains de l'Impératrice; le panneton et la tige font partie du même sujet et représentent ensemble une croix, l'embase est évidée à jour, l'anneau est formé de deux dauphins avec inscriptions religieuses à l'intérieur.

Le panneton de la clé n° 2 avec la forure est également formé du même sujet et représente la Foi, l'Espérance et la Charité. Deux têtes de coq forment l'anneau, l'embase est à jour.

Le n° 3 a son panneton formé d'un P, deux têtes de chien et chiffre à l'anneau, l'embase torse.

PLANCHE N° 22

Le panneton de la clé porte deux lettres S J applicables à une porte d'église ou de chapelle, deux têtes d'agneaux attachées à la croix forment l'anneau; sur la même planche il y a quatre modèles différents d'entrée.

Pour donner plus de signification à ces dernières, l'on peut ajouter *te* ou *t*, selon que la chapelle où elles sont appliquées porte le nom de Saint-Jean, Sainte-Jeanne ou tout autre saint ou sainte dont le nom commence par J.

Les planches n°s 23, 24, 25 ont la même signification que la précédente, avec changement du nom cependant; il y a également sur chaque planche quatre modèles d'entrée.

PLANCHE N° 26

Le panneton de la clé est formé d'un M surmonté d'une croix ; en ajoutant deux J à l'entrée, on obtiendra la signification de Jésus, Marie, Joseph ; l'embase et l'anneau font partie du même sujet et représentent la Foi, l'Espérance et la Charité.

PLANCHE N° 27

Le panneton de la clé a une H avec croix ; en ajoutant à l'entrée J S, elle signifiera Jésus, Homme, Sauveur.

PLANCHE N° 28

Le panneton de la clé et l'entrée ont la même signification que la précédente, à l'exception que H et la croix sont évidées au panneton ; l'embase est à jour, l'ensemble de la clé est gothique, ainsi que les deux modèles des entrées différents.

PLANCHE N° 33

Cette planche prouve la possibilité des pannetons de clés de la planche n° 19.

L'entrée du milieu est composée avec une tête de veau.

PLANCHE N° 34

Serrure de porte cochère, entaillée dans l'épaisseur du bois, clé à bout.

Quoique simple, cette serrure est préférable à tous les autres systèmes par sa commodité, ayant son pène de sûreté, le passe-partout et le bec de cane servant de loquet distinct.

Pour le service du jour, on peut arrêter le demi-tour du passe-partout, avec un crochet ou une vis sur le palâtre, alors la poignée fonctionne seule.

En montant le foncet du passe-partout sur celui de la serrure, tel que cela est représenté, on aura la faculté de faire la clé passe-partout courte pour qu'elle soit commode à porter sur soi.

PLANCHE N° 35

Vue intérieure de la serrure de la planche précédente.

PLANCHE N° 36

Serrure de porte d'entrée encloisonnée, clé forée ; en supprimant la poignée le soir, on peut utilement se servir du passe-partout en adaptant un bouchon dans le trou du fouillat retenu par une goupille ou tout autre moyen, de manière à empêcher l'introduction d'une broche avec laquelle il serait facile d'ouvrir.

PLANCHE N° 37

Serrure encloisonnée et à broche.

Ce genre de serrure est précieux pour les portes cochères dont les montants n'ont pas une largeur suffisante pour recevoir les entrées intérieures et extérieures horizontalement.

PLANCHE N° 38

Serrure à bascule pour porte de secrétaire ou autres.

Le dessin est suffisamment démontré pour qu'il soit inutile de donner de plus amples indications.

PLANCHE N° 39

Serrure à espagnolette et à demi-tour applicable aux portes d'armoires.

Ces serrures ont l'avantage de fermer une porte lors même qu'elle serait gauche, les crochets de l'espagnolette servent de rappel.

Comme il est facile de s'en rendre compte par le dessin, la tige de l'espagnolette A a un goujon qui, rentré dans l'encoche du pène B et en donnant un tour de clé, l'espagnolette tourne.

Pour ouvrir le demi-tour C, tourner la clé de manière qu'elle fasse levier sur la branche de l'équerre.

PLANCHE N° 40

Serrure à espagnolette et à verrou.

Ce genre de serrure remplace avec avantage la précédente ; le verrou du bas supprime le goujon, qui est un embarras et produit un très-mauvais effet.

L'espagnolette rappelant sur le haut, il est facile en cas de gauche de pousser la porte d'une main ; le jeu de l'espagnolette et l'ouverture du demi-tour se font comme à la précédente.

La tige du verrou A est mise en mouvement par l'équerre B. Cette dernière peut être montée sur le foncet en faisant une coulisse pour le passage du goujon C rivé sur le pène, tel que cela est indiqué.

PLANCHE N° 41

Serrure à verrou.

Ce simple T A remplace l'ancien système à équerre et sera monté sur le foncet, tel qu'il a été dit pour les planches précédentes ; on devra laisser la cloison un peu plus haute pour que les branches des verrous B, B, et du T A puissent contenir entre le bois et le foncet. La précision du dessin donne l'idée exacte du mécanisme et dispense de plus amples explications.

PLANCHE N° 42

Serrure à bascule et loqueteaux donnant demi-tour.

Cette serrure est convenable pour portes de vitrines ; en poussant elle ferme haut, bas et milieu ; en forçant la clé sur le bout de l'équerre à levier A, on fait rentrer le bec de cane du demi-tour B ; ce dernier fait faire bascule au TC, qui fait descendre et monter les branches des loqueteaux D, D, et donne ouverture.

PLANCHE N° 43

Vue intérieure d'une serrure à pompe : on trouvera les détails à la planche n° 67.

PLANCHE N° 44

Serrure à gorge.

La variété des différentes gorges, dont chacune est ajustée selon les entailles de la clé, la rend incrochetable. Ce système fait le plus grand honneur à son auteur.

PLANCHE N° 45

Serrure emberonnière convenable pour une caisse de société.

Cette serrure a de particulier qu'elle peut être fermée par plusieurs clés, qui entrent dans la même entrée, et ne pourrait être ouverte sans la réunion des personnes entre les mains desquelles elles se trouveraient. Chacune de ces clés a son panneton taillé à la hauteur d'une gorge correspondante, posé sur le pène, tel que cela est représenté ; la profondeur de cette entaille est guidée par la saillie de la gorge, pour qu'elle puisse se dégager juste de son coulisseau et passer dans les coulisses.

Ainsi la clé n° 1 opère sur la gorge FA et fait fermer un tour ; alors la gorge FB présente son encoche au coulisseau et la clé n° 2 peut fonctionner. Celle-ci fermée, la première ne peut plus ouvrir ; on pourra mettre autant de clés qu'on le désirera ; chacune d'elles devrait avoir une gorge correspondante tel que cela a été expliqué.

PLANCHE N° 46

Le mécanisme de cette serrure est représenté demi-exécution ; il peut, comme le précédent, être employé pour un coffre de société. Poser sur l'intérieur du couvert les quatre pènes fermant sur chaque côté, l'empêchent d'être défoncé.

La clé n° 1 doit fermer la première, afin que la clé n° 2 puisse faire son tour, ce qui empêche la première de pouvoir ouvrir.

On peut multiplier les clés par les mêmes principes, on sera seulement obligé d'ouvrir et fermer par numéro d'ordre.

Le pène A met en mouvement les équerres B, B ; ces dernières entraînent les pènes C, C, celui de derrière D est poussé par le rond E faisant bascule, les goujons à épaulement et écrous F, F, F, F, servent pour le foncet. La porte peut être fixée sur le coffre par deux briquets ; mais si l'on veut avoir plus de développement on mettra des charnières ou une fiche.

PLANCHE N° 47

Cette planche donne le dessin d'un coffre-fort, genre de Marseille, système avec briquets garni avec tôle et feuillard, coudé, arrêté avec des clous à l'extérieur.

Ce coffre est composé d'une caisse en bois de chêne ayant 0,05 d'épaisseur ; vu au dixième d'exécution.

Principes d'exécution

L'ouvrier divisera le compartiment de ses feuillards sur le coffre, de manière à avoir des carrés parfaits, ou du moins des carrés longs perpendiculaires ; ceux qui seraient horizontaux produiraient un mauvais effet.

Il placera ensuite les feuillards perpendiculaires sur le coffre en les arrêtant provisoirement au moyen d'une pointe aux extrémités ayant le soin de faire rencontrer les bouts sous la division d'un feuillard horizontal pour qu'il n'y ait pas de joints.

Tous ces derniers seront coudés au moyen d'une étampe, et les trous seront percés au poinçon sans rabattre les bavures, qui trouveront leur place sous les têtes de clous qui seront forgés concaves avec un dessous et un dessus d'étampe préparé à cet effet.

Tous les feuillards seront coudés à chaque retour, et les coudes venant sur le devant, auront une longueur de 0,015, chanfreinnés pour qu'ils puissent être recouverts par le grand cadre et seront placés provisoirement sur le coffre comme les précédents et sur les traits de leur division.

Tous les carrés ou au moins ceux des joints des tôles seront marqués sur le bois, pour qu'une fois que ces dernières seront posées, on ne voie pas d'ajustement ; les feuillards seront numérotés avec soin avant de les démonter pour placer les tôles ; ces dernières posées, le tout sera remonté et arrêté au moyen de clous solidement rivés à l'intérieur.

Le cadre doit avoir des entailles chanfreinnées correspondantes à tous les bouts des feuillards, pour qu'une fois posés le tout n'en fasse qu'un et qu'il n'y ait pas de vides aux encoignures ; il sera arrêté avec des clous fraisés, rivés à l'intérieur et proprement affleurés.

L'intérieur du coffre sera garni avec de la tôle mince de la largeur du fond et des côtés d'abord et des équerres aux encoignures arrêtées avec des pointes tête ronde dites de serrurier convenablement divisées pour qu'elles produisent un joli effet.

La porte qui rentre dans la serrure est en bois de noyer ; on doit le choisir aussi blanc que possible pour qu'il ne fende pas, et il doit avoir une épaisseur de 0,030 ; elle sera à l'extérieur recouverte d'un cadre feuillard et tôle ajusté tel que cela a été déjà dit.

Les briquets seront posés sur la porte et l'on fera des entailles à la cloison de la serrure pour laisser le passage aux tourillons.

Les têtes des boulons qui doivent arrêter cette dernière seront entaillées à l'extérieur de la porte, la tôle et les feuillards les recouvriront, les écrous serreront sur le palatre.

On aura le soin de faire rencontrer les entrées de la serrure au vide des feuillards, afin que les clés aient leur passage.

Les divisions des clous donnent une grande facilité pour la combinaison des cache-entrée à secret que l'ouvrier pourra faire selon son idée et dont les détails seraient très-longs et peut-être mal compris par la complication des pièces, et il pourrait même y avoir confusion : l'essentiel est que la serrure soit solide et les entrées incrochetables. Toutes les pièces qu'un système quelconque nécessitera seront entaillées dans l'épaisseur du bois ; on aura soin de faire rencontrer les coulisses sous les feuillards et entre les clous, pour qu'elles soient invisibles.

PLANCHE N° 48

Serrure dans les proportions du coffre et les deux clés.

Grandeur d'exécution.

PLANCHE N° 49

Vue intérieure de la serrure, au cinquième d'exécution.

Cette serrure est encloisonnée par un feuillard ayant 0,006 de largeur sur 0,004 d'épaisseur.

Les entrées sont massives et font avec la clé la même hauteur.

Pour obtenir la clé du demi-tour plus courte, l'entrée sera montée sur un crampon ; ce dernier sur le foncet de la serrure tel qu'il est vu sur la planche précédente.

Le pène A met en mouvement les équerres BB ; ces dernières font fermer et ouvrir les pènes CC ; les deux de derrière DD sont fixés.

Le bec de cane E porte une pièce coudée qui traverse le foncet sur laquelle agit la petite clé.

PLANCHE N° 50

Coffre-fort, même genre que le précédent, système avec fiches.

Ces dernières sont parallèles, de manière à dissimuler l'ouverture de la porte.

PLANCHE N° 51

Serrure dans les proportions du coffre ; clés grandeur d'exécution.

PLANCHE N° 52

Vue intérieure de la serrure, même système que la précédente, à l'exception des deux équerres à T, AA, qui font marcher les deux pènes de derrière BB.

PLANCHE N° 53

Coffre-fort, genre secrétaire, avec abattant.

Ces coffres sont également en bois de chêne ayant 0,005 ou 0,006 d'épaisseur ; tous les encadrements et tôles sont arrêtés avec des clous fixés et rivés à l'intérieur.

La porte est de la même épaisseur et recouverte à l'extérieur d'une tôle, ayant 0,004 et à l'intérieur 0,002 ; elle est fermée avec deux briquets formant équerre à chaque bout.

La corniche et le socle sont également en bois ; l'intérieur peut avoir étagères, tiroirs, etc.

Ce genre de coffre doit être peint en imitation de bois.

PLANCHE N° 54

Serrure selon les proportions du coffre ; clé grandeur d'exécution.

PLANCHE N° 55

Vue intérieure de la serrure, cinquième d'exécution.

Toutes les tôles sont montées sur la tôle intérieure de la porte. La queue du pène de la serrure A met en mouvement les équerres à T, B B ; ces derniers font marcher les équerres C, C, C, C, C, C, qui entraînent les pènes E, E, E, E, E, E, E, E, E, E. Le pène F est poussé en arrière par le rond à bascule mis en jeu par le tirage du pène A.

PLANCHE N° 56

Coffre-fort, façon meuble à encoignure ronde, orné ainsi que la frise, même confection que le précédent.

PLANCHE N° 57

Serrure à engrenage dans les proportions du coffre ; clés grandeur d'exécution.

PLANCHE N° 58

Vue intérieure de la serrure, au cinquième d'exécution.

Ce système pourra être mis en mouvement par une serrure semblable à celle de la planche n° 55 ; mais pour la beauté de la combinaison, il est préférable de faire une serrure entaillée dans l'épaisseur du bois, montée au revers de la tôle extérieure ; le pène A aura un goujon qui correspondra à un trou fait sur le pène de la serrure intérieure qui, au moyen d'une coulisse pratiquée dans l'épaisseur du bois, laissera libre la source du goujon ; le pène intérieur marchant au moyen de la clé, entraînera le pène extérieur A ; celui-ci faisant tourner le pignon B, chaque pène C, C, C, C, fera sa fermeture ; pour le demi-tour on pourra employer les mêmes moyens.

PLANCHE N° 59

Coffre-fort, genre gothique, composé et exécuté par l'auteur, vu au dixième d'exécution.

Ce coffre-fort est d'un fini parfait, le cache-entrée A formant une croix d'honneur s'ouvre à secret. Les deux plaques à ancre B, C, servent l'une de cache-entrée au demi-tour, l'autre met en mouvement le cache-entrée principal.

PLANCHE N° 60

Serrure dans les proportions du coffre ; les deux clés sont de grandeur d'exécution.

PLANCHE N° 61

Vue intérieure de la serrure, au cinquième d'exécution.

Cette serrure, originale par sa forme, est d'une ingénieuse composition, comme l'on peut en juger ; elle renferme à elle seule tous les moyens de faire marcher les pènes dans tel sens que ce soit. Les entrées sont massives et refoulent l'huile avec les clés.

PLANCHE N° 62

Cache-entrée A ; grandeur d'exécution.

Les coulisses se trouvent sous la couronne de la croix entourant l'entrée ; un ressort à boudin force la branche tombante à s'ouvrir ; en la fermant, la coulisse qui a une coche à biseau fait échapper une pièce à levier et à bascule correspondant à l'anneau de l'ancre de la plaque C. Cette pièce, poussée par un autre ressort à boudin, rentre dans la coche de la coulisse, et la brisure de la croix est dissimulée telle qu'elle est représentée sur le coffre.

Il n'y a pas de moyen que l'ouvrier intelligent ne puisse imaginer pour des opérations semblables, et les idées de chacun sont toujours les meilleures pour cela, parce qu'elles sont mieux conçues.

PLANCHE N° 63

Ce coffre-fort est d'un travail soigné, composé et exécuté par l'auteur. Exposé à Bordeaux en 1844, il mérita au patron une médaille d'honneur et une mention spéciale. A, cache-entrée de la grande clé ; les rosaces B, C, servent de cache-entrée, l'une au demi-tour, l'autre pour le système faisant marcher le cache-entrée principal par le moyen de la clé de la pompe.

PLANCHE N° 64

La grande clé dont le panneton a la forme de celui du chef-d'œuvre de Dauphiné-l'Ange, refoulant l'huile avec son entrée massive ; l'embase est à jour, l'anneau est formé de deux dauphins, les prunelles des yeux sont en corail.

PLANCHE N° 65

Vue intérieure de la serrure, au cinquième d'exécution.

Un simple croisillon A, mis en mouvement par le pène B, fait marcher tout l'ensemble du mécanisme ; la serrure intérieure est fermée par une porte ouvrant à secret, recouverte d'une tenture en velours cramoisi, ce qui donne un reflet aux pièces polies et produit un bel effet.

PLANCHE N° 66

Cache-entrée ouvert F A.

Deux ressorts à boudin également forcent les deux parties à s'ouvrir et se referment par le même moyen que pour le système dont il a été question à la planche n° 62.

Les rosaces B B servent : l'une pour l'ouvrir avec la petite clé, en faisant pression avec le petit gland qui est sur l'anneau, l'autre de cache-entrée au demi-tour, ce dernier est à pompe.

PLANCHE N° 67

Figure B, rosace, grandeur d'exécution.

D, corps de la pompe : cette pièce est en cuivre.

E, cylindre également en cuivre rentrant dans la pièce D, à laquelle sont les entailles des paillettes F, F, F, F, F, correspondantes à la plaque en acier G ; cette dernière est vissée dans l'intérieur du corps de la pompe H, broche dans laquelle passe le ressort I qui sert à maintenir les paillettes F à la hauteur de l'entrée. La pièce J remplace la pièce A de la planche no 43. La difficulté de l'ouverture de cette serrure est dans la coche des paillettes F, différentes de longueur et ajustées aux entailles de la clé selon leur profondeur, ce qui permet de les pousser de manière à ce que les coches se rencontrent juste à la pièce en acier G. Autrement la clé engagée dans le cylindre E ne pourrait pas tourner ; il est donc impossible de fabriquer une fausse clé et elle est à juste titre nommée *incrochetable*.

TEXTE EXPLICATIF

DEUXIÈME PARTIE

AU 20ᵐᵉ D'EXÉCUTION

La 2ᵉ partie comporte, savoir : 1º barres d'appui ; 2º balcons de croisées, simples ou à frise ; 3º balcons à dessins continus ; 4º grands balcons ; 5º appuis de communion ; 6º enfin toute espèce et tout genre de rampes, savoir : à limon, posées sur les marches, à pitons, à bandeau et à châssis, ainsi que les principes et détails d'exécution, escalier, etc., etc.

L'auteur, toujours en vue de voir substituer le fer à la fonte, s'est appliqué à apporter dans la composition de ces dessins un soin et un goût tout particuliers, de manière à les faire apprécier et adopter autant par la richesse de leur forme que par leur simplicité et afin surtout qu'ils soient d'un prix d'autant plus modique qu'ils seront d'une exécution plus facile.

Or, étant donné qu'un objet en fer, offrant aux propriétaires des garanties sérieuses de solidité aussi bien qu'une excessive pureté de lignes et de gracieux contours, peut s'obtenir à un prix bien inférieur à celui d'un objet de même nature, en fonte, dont la masse nécessaire a une solidité toujours douteuse et dont nul ne pourrait répondre, qui est-ce qui hésiterait dans son choix ?

A toutes ces considérations s'ajoute encore celle de la différence de l'effet que produit sur le plus simple individu l'agencement et l'entrecroisement réfléchi, étudié, de quelques simples bandelettes de fer. Comme chacun sent à première vue qu'il y a là et richesse et solidité.

Que sera-ce donc lorsque, à l'aide de ce livre, les ouvriers les plus ordinaires seront devenus de vrais artistes ? Que sera-ce lorsque nos constructions modernes, ornées de balcons de ce magnifique style Louis XIII que la fonte n'a pas pu parvenir à imiter, rappelleront, par ce qu'ils leur donneront du cachet de l'époque, nos maîtres que nous avons faits d'autant plus grands qu'une blâmable indolence nous a fait rester plus petits ?

A partir de ce moment, nous en sommes persuadé, toutes les fois qu'il nous sera donné d'examiner ces chefs-d'œuvre, nous les regarderons toujours avec un plaisir et un intérêt d'autant plus profonds que nous nous serons convaincus que plus nous les examinons et plus nous les trouvons riches, harmonieux, heureux de composition et multiples dans les détails infinis que révèle seulement un examen long et suivi.

Que sera-ce encore lorsque, dans nos églises, ces balustres informes et à sujets souvent profanes (nous pourrions citer certaines églises de village dont le maître-autel a des bacchantes pour table de communion) qui semblent, par leur lourdeur, vouloir, en les insultant, écraser ces jolis petits autels gothiques qui nous disent encore si haut le degré de perfection auquel les artistes du moyen âge avaient élevé la sculpture et l'art de la dorer, seront remplacés par de gracieuses et légères balustrades en fer ouvré dans le style de l'autel lui-même? Que sera-ce surtout lorsque d'artistiques motifs nous diront : ou une page de la belle vie du saint dont ils entoureront le sanctuaire, ou encore lorsque, sur de magnifiques rosaces habilement repoussées, nous pourrons le suivre à travers sa vie de vertu, de luttes, de privations et de combats?...

Que sera-ce, enfin, lorsque nous verrons nos maîtres-autels reliés à nos autels latéraux par des lignes continues d'entrelacs, de figures et d'ornements religieux?

Mais un besoin manifeste se faisant sentir, entrez donc avec nous, nos très-chers et bien-aimés confrères, dans ces maisons vraiment princières, et examinons ensemble ce qui peut leur manquer pour arriver à une vraie perfection : riches lambris, magnifiques décors, ciselures, découpures et vitraux aux chatoyantes couleurs, tout est là, rivalisant de luxe et de richesse ; tout, si ce n'est la rampe splendide des temps passés! Ah! dites-nous, n'éprouvez-vous pas un véritable serrement de cœur à l'aspect de ce faisceau de merveilles auquel il ne semble manquer que notre œuvre? Et quand elle manque, passe encore! Mais malheureusement, elle est là trop souvent pour témoigner de notre incapacité et de la décadence de notre art.

Car petit est le nombre des ouvriers capables de construire une rampe d'après les vrais principes, et bien plus petit est encore celui des ouvriers qui savent qu'on peut y arriver autrement que par d'innombrables difficultés, vaincues aux dépens du propriétaire et de l'harmonie de la forme. Aussi que de jarrets dans les contours et que de faux aplomb dans les parties perpendiculaires; combien de faux écartement et quel manque absolu de solidité!

Pourtant il existe des travaux de ce genre qui prouvent que cette question n'est pas un problème, et qui semblent avoir été jetés çà et là pour nous enseigner ce que nous devons faire pour ne pas nous laisser distancer par les hommes qui suivent l'impulsion du progrès et prouvent chaque jour qu'au lieu de dégénérer ils font autant et plus encore que leurs devanciers. Serons-nous donc les seuls à rester en arrière? J'espère bien qu'il n'en sera pas ainsi sans que nous n'ayons tenté un suprême effort pour sortir de l'ornière. Secouons donc cette inexplicable torpeur et entrons franchement dans cette voie que de notre côté nous nous proposons, par intérêt pour vous et par amour de l'art, de rendre abordable et facile à parcourir.

Pour un ouvrier n'ayant jamais eu l'occasion de travailler à la rampe, elle est non-seulement une difficulté, mais presque une impossibilité; et les ouvriers, malheureusement trop rares, possédant ses éminents secrets, les gardent devers eux avec le soin le plus jaloux. Et comment en serait-il autrement? Ces secrets sont souvent le plus brillant joyau de leur couronne du tour de France, le fruit d'un labeur âpre, tenace et constant et souvent encore le but de leurs plus ardentes aspirations.

Aussi avec quelle fierté ils vous montrent les instruments de leur triomphe et quelle gloire n'attachent-ils pas à vous prouver qu'ils peuvent, après quelques-unes de leurs opérations intelligentes, préparer toutes leurs pièces d'un seul jet et les mettre en place sans la moindre retouche ! Avec quel orgueil encore ils vous disent : « Si je suis d'aplomb au départ, je dois l'être à l'arrivée, de même que je le suis au milieu de la course ; et un fil lâché à l'aplomb du dernier de ces barreaux doit tomber sur l'axe de tous ceux qu'il rencontre. »

Il n'est donc pas étonnant que brûlant pour vous d'un amour de frère, j'éprouve un vrai bonheur à vous initier à cet important mystère, qui, je l'espère, fera dans peu de temps l'effet de l'œuf si connu de Christophe Colomb.

EXPLICATION DES PLANCHES

PLANCHES Nᵒˢ 1, 2, 3, 4, 5, 6, 7, 8, 9

Différents genres d'appuis et balcons de croisées, simples, avec ornementations en tôle, etc., etc.

Les balcons étant, sans contredit, l'embellissement de la façade d'une maison, l'ornementation doit en être intelligente. — C'est de là que dépend l'effet qu'ils sont destinés à produire. — Les ouvriers auront soin de faire les enroulements avec de faux rouleaux, griffes et marteaux ronds, etc., etc. — Ils s'appliqueront à ne pas marquer le fer. — Les arêtes doivent rester pures, sans pailles ni gerçures, et les contours sans jarrets.

Les dessins de ces balcons sont composés de telle sorte qu'ils peuvent être simplifiés sans nuire à leur harmonie. — La suppression des ornements en tôle en diminuerait sensiblement la sujétion sans leur rien ôter de leur grâce et de leur élégance.

Les feuilles de rinceaux, culots, etc., etc., seront fixées aux pièces principales au moyen de petits goujons à vis ou à prisonnier.

PLANCHES Nᵒˢ 10, 11, 12, 13, 14, 15

Balcons de croisées avec frises.

Ces différents modèles peuvent être simplifiés et leur richesse de remplissage permet de les transformer en panneaux de portes, rampes à châssis, etc., etc.

Il y a régulièrement sur les mêmes modèles un très-grand nombre de motifs pouvant être utilisés pour faire encoignures, portes en fer et autres.

Le parti qu'on en peut tirer est infini...

PLANCHES Nᵒˢ 16, 17, 18, 19, 20, 21, 22, 23, 24, 25, 26, 27, 28, 29, 30, 31, 32, 33, 34, 35

Comme il est facile de s'en rendre compte, ces différents modèles sont tous susceptibles de modifications ou d'amplifications ; l'artiste, après une sérieuse étude, en usera selon son goût ou leur objet ; certains permettent facilement la réduction de leur parure sans que leur composition en souffre ni en paraisse altérée. — Ils conviennent aussi pour appuis de communion, rampes et autres.

PLANCHE Nᵒ 36

Grand balcon cintré ; — genre d'Italie.

Ce balcon original par sa forme ne manque cependant pas de solidité et de commodité.

La figure A représente un coussin que l'on peut mettre et sortir à volonté, sur une planche fixée aux équerres formant les montants B. Ces derniers sont pris avec des boulons aux consoles C.

La planche pourrait être remplacée par un petit cadre en fer, garni avec de la tôle métallique où l'eau ne pourrait pas séjourner, et qui résisterait, évidemment, aux intempéries des saisons.

La tablette est en tôle, reposant sur un encadrement en fer dit Cormère ajusté et solidement fixé aux équerres en fer, ainsi que l'indique le dessin très-complet à cet égard.

PLANCHE N° 37

Balcon genre moderne avec retour composé du même dessin; la tablette et les consoles peuvent se faire en pierre ou en fer.

PLANCHE N° 38

Grand balcon genre Renaissance.

Ce balcon est cintré; sa forme est élégante et d'une incontestable commodité, surtout quand les tablettes sont étroites.

Ce dessin, dont l'exécution semble un travail de géant, ne doit effrayer personne; les principes et les détails ci-après permettent de le présenter comme un travail délicat, mais voilà tout; car, si difficulté il y a, elle est vaincue.

L'ouvrier fera en entier son encadrement d'abord; il rapportera ensuite sur les traverses du haut et du bas, du côté intérieur, des prisonniers correspondants et distancés d'environ 0m 20 cent. les uns des autres, selon le développement des cintres; — puis il fera de faux montants avec du petit fer bandelette, qu'il cintrera sur les vrais montants, et les attachera avec les prisonniers désignés ci-dessus.

Il collera ensuite sur le châssis du papier fort d'emballage, ce qui lui donnera la forme d'un ballon; il tracera dessus le dessin qu'il voudra exécuter, ce qui lui donnera la facilité, en faisant les pièces, de les présenter sur la place même qu'elles doivent occuper.

Par ce moyen, de difficulté il n'y en a guère, il n'y en a même plus et le travail est aussi facile que si les parties étaient droites.

S'il y a plusieurs balcons à faire, toutes les pièces seront faites sur le même et rapportées ensuite sur les autres châssis.

PLANCHE N° 39

Grand balcon genre Louis XV.

Ce balcon, comme le précédent, est cintré avec ornements en tête estampée et repoussée; même principe.

La fabrication des ornements en tôle, lorsque les feuilles ou culots ne sont pas de trop grande dimension, est extrêmement facile.

L'on doit d'abord ciseler sa feuille ou culot sur un bout de fer forgé à cet effet et ayant la forme d'un poinçon. Découper ensuite les pièces que l'on veut repousser, que l'on aura le soin de prendre dans une feuille de tôle unie et très-douce et auxquelles on donnera la forme du poinçon et que l'on étampera une à une sur un lingot d'étain dans lequel le poinçon aura été déjà préalablement imprimé et qui servira de matrice.

L'opération est d'autant plus simple qu'il suffit de placer sa feuille, de quelque nature qu'elle soit, à peu près au milieu de l'empreinte du lingot précité et de frapper sur le poinçon avec un marteau à main.

PLANCHES Nᵒˢ 40, 41, 42, 43, 44, 45, 46, 47, 48, 49

Différents genres de balcons avec motifs et sujets variés.

Pour les balcons d'un seul motif, les retours doivent aux encoignures en rencontrer de la même ornementation et enroulements que la façade, tel que cela est représenté sur les planches nᵒˢ 37, 44, 46, 47, 49. Il n'y a rien qui produise un plus mauvais effet que deux dessins différents venant s'ajuster contre les mêmes montants. — Si beau qu'il soit, le manque d'harmonie en fait toujours un objet sans art et sans valeur. On ne sera pas tenu de suivre la même règle pour les balcons qui auront des panneaux aux encoignures, planches 42, 45, 48, 49. Toutefois, ils n'en vaudraient que mieux ; — le principe du précédent semblerait devoir être général, mais le dessin étant interrompu par les panneaux, on peut au besoin faire cette infraction à la règle sans pécher ni contre la forme ni contre le goût.

PLANCHES Nᵒˢ 50, 51 , 52, 53, 54

Balcons riches avec sujets différents.

La tablette et les consoles sont en fer ; les encadrements sont faits avec du fer dit Cormère, garnis extérieurement d'une bande de fer mouluré.— Ils sont solides et produisent un plus bel effet que les balcons dont les tablettes et les consoles sont en pierre ; — la légèreté de leur forme plaît infiniment et ce je ne sais quoi d'aérien qui les caractérise est pour l'œil une très-agréable station.

PLANCHES Nᵒˢ 55, 56, 57, 58, 59, 60, 61, 62, 63, 64, 65, 66, 67, 68, 69, 70, 71, 72,
73, 74, 75

Différents dessins d'appuis de communion.

L'appui de communion, ornement principal d'une église, doit être une sorte de monument de serrurerie ; il importe donc qu'il soit bien et solidement confectionné ; — les encadrements bien ajustés, tels que celui qui est représenté sur la planche de détail nᵒ 76, fig. A.

Les portes, qui ordinairement sont mal menées, doivent être ajustées aux montants au moyen de nœuds de compas soudés aux traverses supérieures, et ajustées avec moufles aux montants sur le bas ; voir même planche, fig. B, B ; ou des fiches de hauteur, avec des lames d'un bout à l'autre entaillées sur les montants dormants et sur la porte, arrêtées avec des vis pour pouvoir les démonter en cas de réparation à faire. Fig. C, C.

Les nœuds de compas ou fiches doivent être entaillés tels que les représentent les fig. D, F, pour que le développement laisse la place nécessaire aux deux saillies de la main courante, surtout au cas où on la ferait en bois.

Le verrou, le loquet et la serrure doivent également être établis avec art; voir fig. F.

Il est préférable que la composition d'un appui de communion soit, autant que possible, uniforme et continue; cependant il peut être formé de panneaux; — ceci n'est point exclusif; voir pl. 70.

Notre riche collection de ces dessins présente un certain nombre de portes ornées de rosaces et de motifs religieux, au milieu des travées à longue portée s'appropriant à la chapelle dont ils peuvent devenir l'entourage. Le goût aidant, on peut très-facilement composer des rosaces avec des pièces à enroulements semblables à ceux des châssis dormants; et ce genre témoigne même d'une étude vraie, profonde et bien sentie.

PLANCHE N° 77

Escaliers. Rampes posées sur le balcon.

Pour en prendre la mesure on cintrera d'abord, sur le limon, une bandelette en fer très-doux ayant environ 0^m020 sur 0^m005.

On se servira pour cette opération d'un marteau rond, de deux griffes coudées. On doit éviter de cintrer sa lisse sur un corps dur;—un billot en bois est préférable à tout autre objet: le fer se macule moins, d'une part, et il est ensuite plus facile de décintrer, s'il y a lieu, en raison de la hauteur du billot qui doit être à peu près égale à celle d'une enclume.

Le soin de faire ses ajustements en dehors des quartiers tournants ne doit pas être négligé; — ceci est très-essentiel. — Pour faire la division de ses barreaux, on se servira d'un compas spécial; voir pl. de détail, n° 78, fig. 1.—Ils doivent être numérotés avec la plus grande attention; toutefois ceux des paliers exceptés; et les rampants relevés sur chaque trait avec la fausse équerre portant un fil à plomb tombant perpendiculairement à la place que doit occuper chaque barreau, tel que cela est représenté d'ailleurs même pl., fig. 2.

Tous les rampants seront rapportés un à un sur la règle, même pl., fig. 3, sur laquelle les différentes longueurs des barreaux seront indiquées. Dans le cas où des défauts notoires du limon se révéleraient par les diverses opérations préparatoires, on aurait le soin d'élever la bandelette sur les parties flacheuses ou concaves, de telle sorte que la main courante ne présente ni coudes ni jarrets, afin qu'elle soit aussi agréable à l'œil que régulière au toucher. Ce qui ne sera pas une difficulté en tenant les barreaux plus longs.

PLANCHE N° 79

Escalier, rampe posée sur les marches.

Principes

Comme pour la précédente, l'on cintrera la bandelette sur les coins des marches à la distance où l'on devra poser les barreaux. Cela fait, l'on attachera deux fils à plomb aux griffes ou à tout autre objet propre à les retenir et on les laissera tomber en dehors, tel que cela est représenté planche de détail, n° 80, fig. A. On les écartera de façon à laisser entre les deux fils environ 0^{m}130 selon l'épaisseur des barreaux et l'on fera un trait sur chaque partie touchée par le fil : ce trait indiquera la place que doit occuper chaque barreau. L'on tracera en même temps la bandelette et ainsi d'un trait à l'autre jusqu'au haut de l'escalier; — tous les barreaux seront numérotés; leurs hauteurs seront prises une à une et rapportées comme à la planche précédente, ainsi que les rampants; voir toujours pl. 78.

Pour la bonne et facile exécution de cette rampe, il est indispensable d'avoir un calibre ayant la forme et le diamètre du haut des barreaux avec une tige divisée par centimètres. Voir pl. de détail, n° 80, fig. B, B.

Au haut du calibre est placée une aiguille, fig. C, servant de guidon et que l'on présentera en face du trait de la bandelette, en ayant soin de la tenir bien perpendiculairement.

La partie portant sur le calibre D doit être tracée et le premier trait effacé; par ce moyen tous les barreaux seront d'aplomb et les écartements réellement réguliers.

La fig. E est une pointe à coulisse utile pour les rampes qui ont leurs barreaux de pièce en col de cygne ou avec des ornements en zinc fondus après œuvre. L'on fera, dans ce cas, porter la pointe sur le trait où doit être posé le barreau. Ce qui donne juste la hauteur, non compris la longueur à ajouter du dessus des coins des marches, qui est d'environ 0^{m}85.

ESCALIER RAMPE A PITON

PLANCHE N° 81

Principes

Pour ce genre de rampe, on divisera les barreaux sur l'escalier en se servant du compas, planche de détail, n° 82, fig. A, et en ayant soin de régler les pointes à coulisse D, D à la hauteur juste de la saillie du barreau, rosace comprise. On posera ensuite les pitons et l'on s'assurera qu'ils sont bien d'aplomb. L'on cintrera la bandelette dessus, même planche, fig. B.

Comme il est dit à la planche n° 77, la bandelette ne doit former ni coudes ni jarrets; on ne doit, par conséquent, s'appliquer qu'à la régularité de ses courbes, sans tenir compte des imperfections des différentes parties de l'escalier qui pourraient, elles, s'opposer, si on les suivait exactement, à une construction bien correcte. On ne sera pas tenu de faire porter la bandelette sur chaque piton; il suffira de la tenir bien perpendiculaire. Le centre de chaque piton sera marqué sur la bandelette avec un fil à plomb, et effacer en son lieu; ensuite il sera remplacé par la vis du barreau par le moyen indiqué à la planche précédente; voir même planche pour la longueur des barreaux rampants, etc., etc.

Il suffira du plus léger examen du compas pour se le rendre familier et apprendre à s'en servir avec avantage. La coulisse EE permet de l'allonger ou de le raccourcir selon le plus ou moins de rampants de l'escalier.

On peut le rendre fixe en serrant l'écrou ; le décimètre doit être tenu horizontalement, le fil à plomb tombant sur le point fixé par l'écartement des barreaux. Il n'y a qu'à presser les pointes sur l'escalier et les remonter par les mêmes moyens jusqu'au haut de l'escalier. Cet instrument, inventé par l'auteur, à l'occasion de la publication du présent ouvrage, permet à l'ouvrier le plus inexpérimenté de faire la division des barreaux d'un escalier en quelques minutes et d'obtenir des écartements d'une irréprochable régularité. — Et cet outil, nous ne craignons pas de le dire, rendra aux jeunes ouvriers des services d'un ordre essentiellement supérieur.

PLANCHE N° 83

ESCALIER A L'ANGLAISE, RAMPE A BANDEAU

Principes

Ce genre de rampe est d'une très-grande solidité. Elle forme châssis.

Ainsi que l'indique le dessin, tous les barreaux sont montés sur une bande ayant environ 0,040 de largeur sur 0,005 d'épaisseur et sont arrêtés par le haut à la lisse comme ceux des rampes ordinaires dont il a déjà été question.

L'on préparera d'abord la bandelette ou lisse supérieure qu'on cintrera en dehors des marches, en prenant pour gouverne la saillie de l'ornement du bas des barreaux au moyen de taquets en bois retenus aux marches.

L'on cintrera le bandeau sur la bandelette, qui sera posé ensuite sur les coins des marches auxquelles il sera retenu avec des goujons scellés si l'escalier est en pierre et avec des vis s'il est en bois ; on replacera la bandelette dessus, on divisera, et l'on tracera les barreaux par les moyens précités.

PLANCHES N°ˢ 84, 85

ESCALIER A LIMON ET A L'ANGLAISE; RAMPES A CHASSIS

Principes

Le mode de fabrication de ces deux rampes est le même. Les châssis sont ordinairement en fer carré ayant 0,018 ou 0,020 de côté, au plus.

On doit d'abord cintrer une bandelette sur les coins des marches, que l'on pourra remporter à l'atelier pour faire les architraves ou châssis ; ces derniers seront ajustés sur l'escalier et retenus par de faux montants et des moufles faits à contre-sens que l'on pourra reboucher après l'exécution ; voir pl. de détail, n° 86, fig. AA.

Les traverses doivent tomber perpendiculairement l'une sur l'autre ; voir même planche, fig. BB.

Avant de les démonter, l'ouvrier aura le soin de faire des points de repère avec une jauge

4

à deux pointes, fig. C, sur les traverses et montants, tel que l'indique le dessin. Il est indispensable encore de tracer des traits perpendiculaires sur les traverses avec une règle munie d'un fil à plomb, fig. D.

Ces traits sont d'un très-grand avantage pour le remplissage et servent à régler les écartements.

Le châssis étant sur les tréteaux, on aura le soin de faire rencontrer les points de repère; de cette façon, le tout sera conforme au tracé et l'aplomb sera parfait.

PLANCHE N° 87

Rampe à châssis ; genre gothique.

Mêmes principes d'exécution que les précédentes.

PLANCHE N° 88

Escalier tournant vu en perspective. 6 modèles différents.

Moyen très-praticable d'exécution.

Cet escalier peut être fait en fer; la colonne pourrait être en fonte et les marches en tôle pleine ou légèrement découpée.

PLANCHE N° 89

Escalier à palier ; rampe à châssis. 6 modèles; plusieurs genres.

Escalier donnant sous un vestibule à vitrage de fer et consoles ornées.

TROISIÈME PARTIE

AU 20ᵐᵉ D'EXECUTION

Grilles, portes de jardin, d'allée, d'honneur, de parc, de clôture, de chapelle, d'église, de cimetière, couronnements, impostes, panneaux, et ferrures de porte.

C'est ici, surtout, nos bien chers ouvriers, qu'il faut nous montrer à la hauteur de l'immense développement dont notre art est susceptible. Notre époque le veut. Ces lourdes portes pleines, qui prêtaient à nos maisons un peu du caractère de ces établissements du silence, de la crainte ou de la douleur, disparaissent peu à peu pour faire place à de gracieux vantaux de bois combinés avec du fer. Nos portes d'église demandent à grands cris leur ancienne parure et semblent nous dire tous leurs regrets de se voir dépourvues de ces ferrements apparents dont les branches capricieuses plaisaient d'autant plus qu'elles étaient bizarres.

Les grilles de croisées ne veulent plus de lignes perpendiculaires ou horizontales; elles vous disent que leur aspect donne froid au cœur parce qu'il rappelle la meurtrière du noir donjon. L'imposte lui-même se récrie et vous dit : Est-ce parce que je ne suis qu'un accessoire ou bien parce que je suis petit que je dois être négligé ? Eh bien, je proteste d'autant plus énergiquement que je suis indispensable.

Le couronnement veut son emblème ; de par son nom même, il est son droit ; et la grille s'étonne avec raison qu'on ne lui permette pas d'étaler plus ou moins majestueusement ses attributs, chiffre ou blason.

Car, en même temps qu'une grille est un objet de défense, elle peut être aussi un objet d'intelligente ornementation.

Ne peut-on pas en effet, et sans de trop grands frais d'imagination, la parsemer d'ornements en rapport avec le lieu dont elle est la clôture ou la position de celui qui la fait établir ?

Appliquons-nous donc à faire que nos travaux soient marqués au coin d'une sérieuse et savante étude; et que nos grilles disent ce qu'il y a derrière leurs plus ordinaires barreaux.

La grille d'église, de chapelle, doit être d'un style essentiellement sévère et emprunter à la place même qu'elle occupe un peu de cette majesté sainte qui s'étend à tout ce qui, de près ou de loin, semble se rattacher au grand dispensateur de la science et du savoir.

La grille d'honneur d'un établissement domanial doit superbement porter la couronne impériale et l'aigle doit sembler regarder avec fierté un des nombreux monuments de sa gloire.

Et où, nous vous le demandons, les armes du comte ou du marquis pourraient-elles trouver une meilleure place que sur le couronnement de la porte d'entrée de son château?

Ne vous semble-t-il pas encore possible et du meilleur goût de composer le dessin d'une grille de parc de telle sorte qu'un attirail de chasse dise à tout venant que saint Hubert a encore dans ce lieu de fervents disciples?

L'imposte du bourgeois sans titre peut avoir aussi sa signification, et son chiffre habilement entrelacé flatterait d'autant plus son amour-propre que l'objet s'appliquerait plus particulièrement à lui.

Et il n'y a pas jusqu'au plus simple artisan qui ne puisse avoir sa part dans cette répartition intelligente de l'art.

La grille, le panneau ou l'imposte de sa maison, au moyen d'une gracieuse combinaison d'un certain nombre d'attributs ou instruments de son métier, seraient pour lui, sans contredit, la plus éloquente enseigne.

Que dirons-nous encore?

Si, comme nous osons l'espérer, nous sommes assez heureux pour inculquer à nos jeunes ouvriers l'amour et le goût du *beau*, les temps sont proches où l'on fera ce que nous appellerons : A chacun son lot.....

Oui, les temps sont proches où la serrurerie sera considérée comme un art véritable et non plus comme un métier grossier ne nécessitant de la part de celui qui l'exerçait qu'une aptitude que la force physique seule semblait devoir exclusivement garantir.

Alors, oh! alors..... nos portes de cimetière ne seront plus de simples et prosaïques barrières... de sublimes inscriptions s'enchevêtrant et s'entrecroisant dans et avec d'habiles ornements funéraires nous feront admirer le sentiment de profond respect et de vraie religion qui seul aura été capable d'inspirer et de guider l'artiste dans l'élaboration de son travail.

PLANCHES Nᵒˢ 1, 2, 3, 4, 5, 6, 7

Différents genres de panneaux pour portes en bois, à un et à deux vantaux.

PLANCHES Nᵒˢ 8, 9

Ferrures de petites portes d'église et de sacristie.

PLANCHE Nᵒ 10.

Détail de la planche précédente.

Fig. A. A. Pentures avec leurs nœuds.

Fig. B. Boucle servant de poignée avec sa plaque.

Fig. C. Poignée montée de loquet.

Fig. D. Boulons.

PLANCHE Nᵒ 11

Ferrure de grand' porte d'église extérieure avec croix à l'imposte.

PLANCHE N° 12
DÉTAIL DE LA PLANCHE N° 11

Fig. A. Penture en plan.
Fig. B. Profil de la penture.
Fig. C. Nœud demi-grandeur d'exécution.

PLANCHE N° 13

Ferrure de porte de chapelle avec imposte à jour, croix et ornement.

PLANCHE N° 14
DÉTAIL DE LA PLANCHE N° 13

Fig. A. Penture.
Fig. B. Nœud ajusté.
Fig. C. Battoir en fer de la porte.
Fig. D. Boulon et poignée.

Autre ferrure de porte de chapelle, ciselée et polie.

PLANCHE N° 15

PLANCHE N° 16, DÉTAIL DE LA PLANCHE N° 15

Fig. A. Penture et nœud.
Fig. B. Crémone avec la gâche.
Fig. C. Battoir en fer ciselé et poli.

PLANCHES Nᵒˢ 17, 18, 19

Grilles de croisées fixes.

PLANCHE N° 20

Grille de soupiraux.

PLANCHES Nᵒˢ 21, 22, 23, 24, 25, 26, 27

Différents genres d'impostes.

PLANCHES Nᵒˢ 28, 29, 30, 31

Couronnements avec chiffres.

PLANCHE N° 32

Couronnement avec attributs.

PLANCHE N° 33

Couronnement composé avec les armes épiscopales.

PLANCHE N° 34

Id., chapeau de cardinal.

PLANCHE N° 35

Couronnement avec imitation des armes papales.

PLANCHE N° 36

Couronnement avec blason et chimères.

PLANCHE N° 37

Couronnement avec initiales de l'empereur et aigle impériale.

PLANCHES Nᵒˢ 38, 39, 40

Portes d'allées.

PLANCHES Nᵒˢ 41, 42, 43, 44, 45, 46, 47, 48, 49, 50

Plusieurs modèles variés de portes de jardin et de cour.

PLANCHES Nᵒˢ 51, 52, 53, 54

Portes d'entrée avec couronnement.

PLANCHES Nᵒˢ 55, 56

Portes de cimetière.

PLANCHES Nᵒˢ 57, 58

Portes de chapelle.

PLANCHES Nᵒˢ 59, 60, 61

Portes d'église avec sujets religieux.

PLANCHES Nᵒˢ 62, 63, 64, 65

Grilles d'église et de chapelle.

PLANCHES Nᵒˢ 66, 67

Portes d'entrée avec guichets.

PLANCHE N° 68

Planche de détail des planches précédentes.

Ainsi qu'il est facile d'en juger par la disposition des encadrements, cette porte est double; — en fermant les deux vantaux, la partie A rentre dans la partie B formant gueule de loup. Le battoir extérieur et la plaque intérieure sur laquelle est monté le poussoir laisse un vide que recouvre la partie A quand elle est fermée. Les poussoirs du haut et les verrous C rendent la fermeture très-solide et le guichet seul peut fonctionner.

PLANCHES Nᵒˢ 69, 70

Grilles d'établissement avec couronnements et inscriptions religieuses.

PLANCHE N° 71

Détails de la planche ci-dessus.

Fig. A. Ajustement des encadrements.

Fig. B.

Fig. D. Espagnolette.

Fig. C. Dormants et nœuds.

PLANCHES Nᵒˢ 72, 73, 74, 75.

Grilles de clôture.

PLANCHES Nᵒˢ 76, 77, 78, 79

Grilles de cour et d'avenue.

PLANCHE N° 80

Grille avec guichet et couronnement ducal.

PLANCHE N° 81

Grille avec couronnement ; — couronne de comte.

PLANCHE N° 82

Grille d'entrée riche, soubassement en tôle.

PLANCHES N°ˢ 83, 84.

Grilles de parc avec initiales et armoiries.

PLANCHE N° 85

Grille de théâtre.

PLANCHE N° 86

Grille avec trophées d'armes, très-propre à la clôture des casernes.

PLANCHE N° 87

Grille avec pilastres ; — couronnement avec attributs des sapeurs du génie.

PLANCHE N° 88

Porte d'hospice militaire avec inscriptions ; — les panneaux du bas sont formés de croix de Malte ; ceux du haut d'une armure de chevalier ; au couronnement, aigle et initiales de l'Empereur.

PLANCHE N° 89

Grille d'honneur couronnée des armes impériales.

Les panneaux du bas sont formés d'étoiles ; — à ceux du haut initiales de l'Empereur.

PLANCHE N° 90

Grille riche d'entrée de parc ; — un réverbère à chaque côté.

La fabrication des ornements en tôle, quoique très-facile, nécessite une certaine habitude et ne s'improvise pas du jour au lendemain.

Les ouvriers donc, non exercés à ce genre de travail, pourraient se procurer les différents motifs, armes, armures, aigles, etc., etc. , que comporterait un besoin quelconque, chez M. Rainot, fabricant, 13, faubourg Saint-Martin, à Paris. Ce moyen leur permettrait d'exécuter sans aucun embarras les différents modèles que présente cet ouvrage, ce qui ne devrait pas d'ailleurs les empêcher de faire tous leurs efforts pour se mettre à même d'agir en dehors de toute coopération étrangère. C'est là le but unique de ce livre.

1.ʳᵉ PARTIE — 2.ᵉ PARTIE

Clefs,
Entrées, Serrures
Cache-Entrées,
Coffres-Forts,
et détails d'exécution.

Balcons de Croisées,
Grands Balcons,
Appuis de Communion,
Escaliers, Rampes, Détails
principes et outils spéciaux
du tracé.

FOURNISSEUR BREVETÉ

B. Lavedan del.

Librairie Artistique de E. DEVIENNE et Cⁱᵉ Éditeurs.
18, Rue Bonaparte, Paris.

PARTIE · 5e PARTIE · 6e PARTIE

ix Monumentales,	Lits, Meubles en fer,	Marquises,
raires, de Mission,	Chiffres entrelacés, Porte-	Combles, Serres, Ponts,
Portes de Tombeaux,	enseignes, Marteaux de Porte	Charpentes, Chaires,
ttes Paratonnerres,	Tourne-Broches, Stores	Lutrins et divers détails de
atures de Cloches	et principe de la pose	Travaux genre Renaissance
t de Beffroi,	des Sonnettes	et Moyen âge

DE S.M. L'IMPÉRATRICE.

Ass.... Lith. Gerlacxxm e C.... 149 quai Valmy, Paris

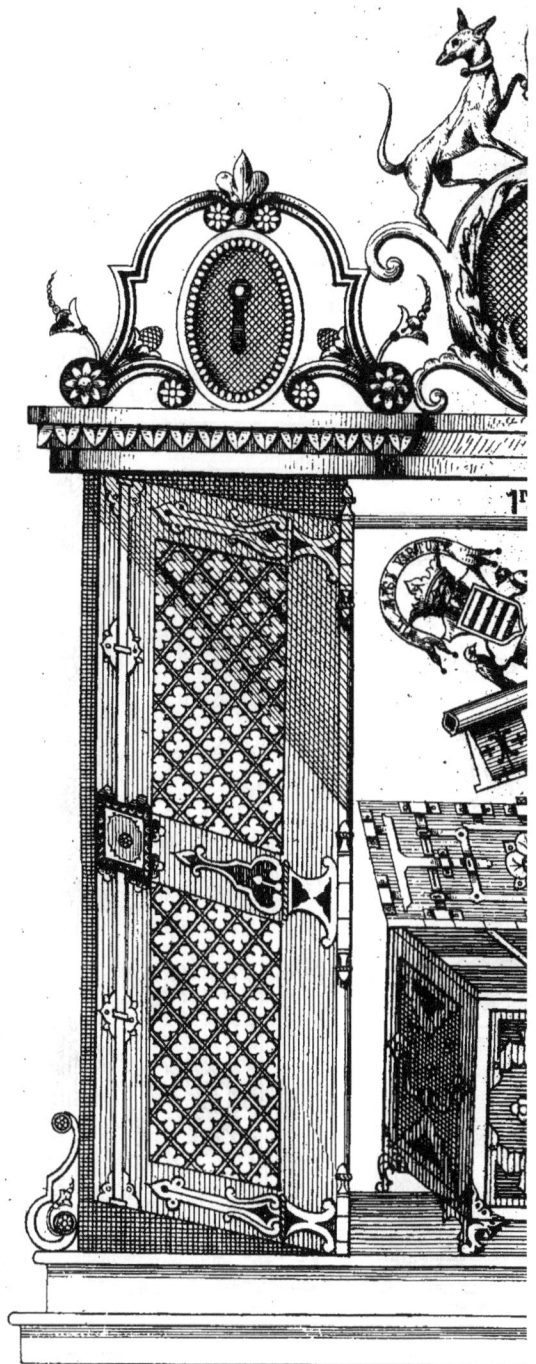

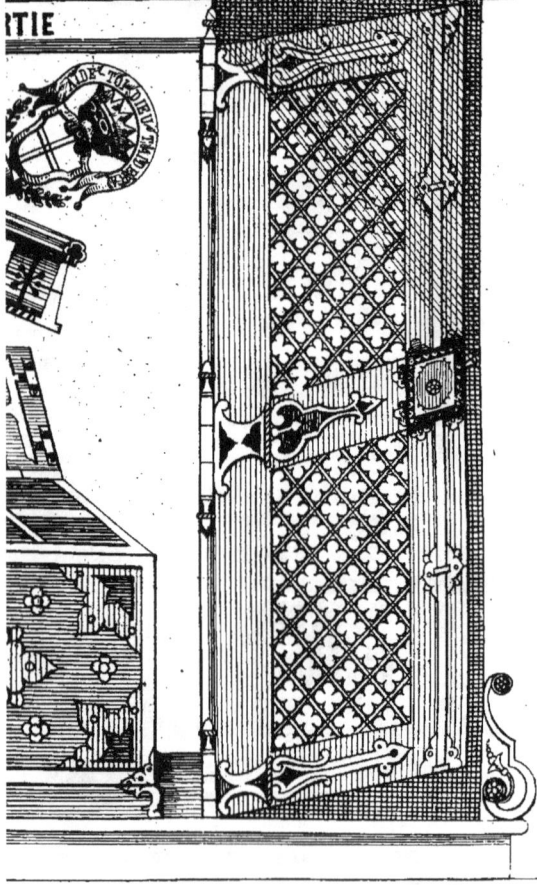

GUIDE PRATIQUE
DE
SERRURERIE USUELLE ET ARTISTIQUE.

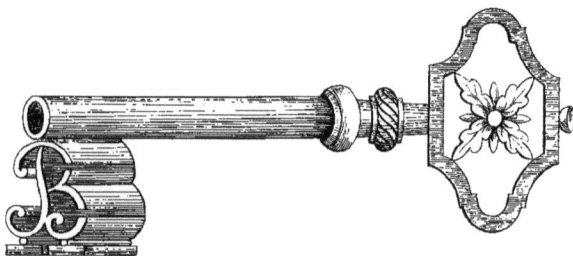

B. Lavedan del   Assⁿ d'ouvⁿ⁵ lith. Guillaumin et Cⁱᵉ, 149, Quai Valmy, Paris.

rairie Artistique de E. DEVIENNE et Cⁱᵉ, Editeurs.
18, Rüe Bonaparte Paris

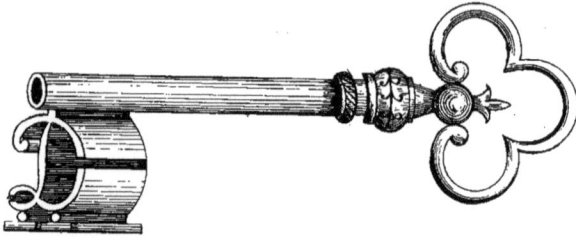

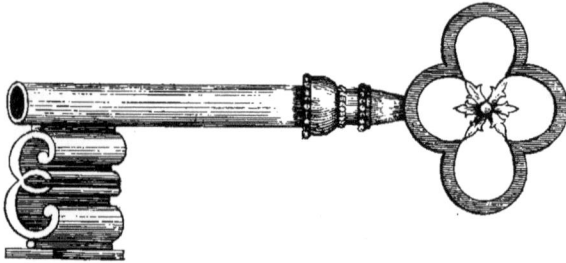

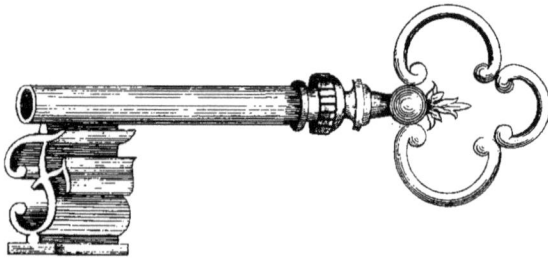

B Lavedan del

Ass⁽ⁿ⁾ d'ouv⁽ʳˢ⁾ lith. Guillaumin et Cⁱᵉ, 149. Quai Valmy, Paris

airie Artistique de E DEVIENNE et Cⁱᵉ Éditeurs.

18, Rue Bonaparte, Paris.

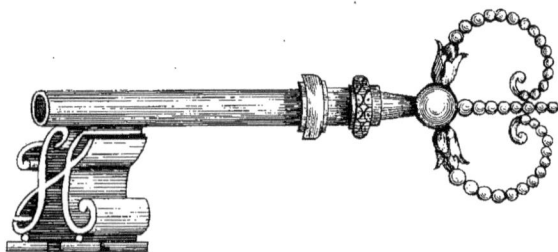

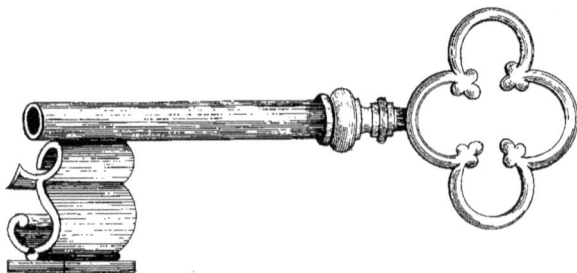

B. Lavedan del.　　　　　　　　　Assᵗⁿ douvᵗᵉ lith. Guillaumin et Cⁱᵉ, 149, Quai Valmy Paris.

Librairie Artistique de E. DEVIENNE et Cⁱᵉ Editeurs.
18, Rue Bonaparte, Paris.

GUIDE PRATIQUE

DE

SERRURERIE USUELLE ET ARTISTIQUE

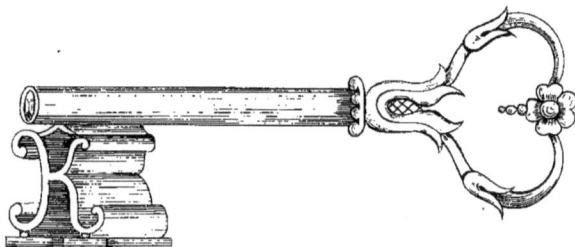

B. Lavedan del.   Assⁿ d'ouvᵗˢ lith. Guillaumin et Cⁱᵉ, 149, Quai Valmy, Paris.

'airie Artistique de E DEVIENNE et Cⁱᵉ Editeurs.
18, Rue Bonaparte, Paris

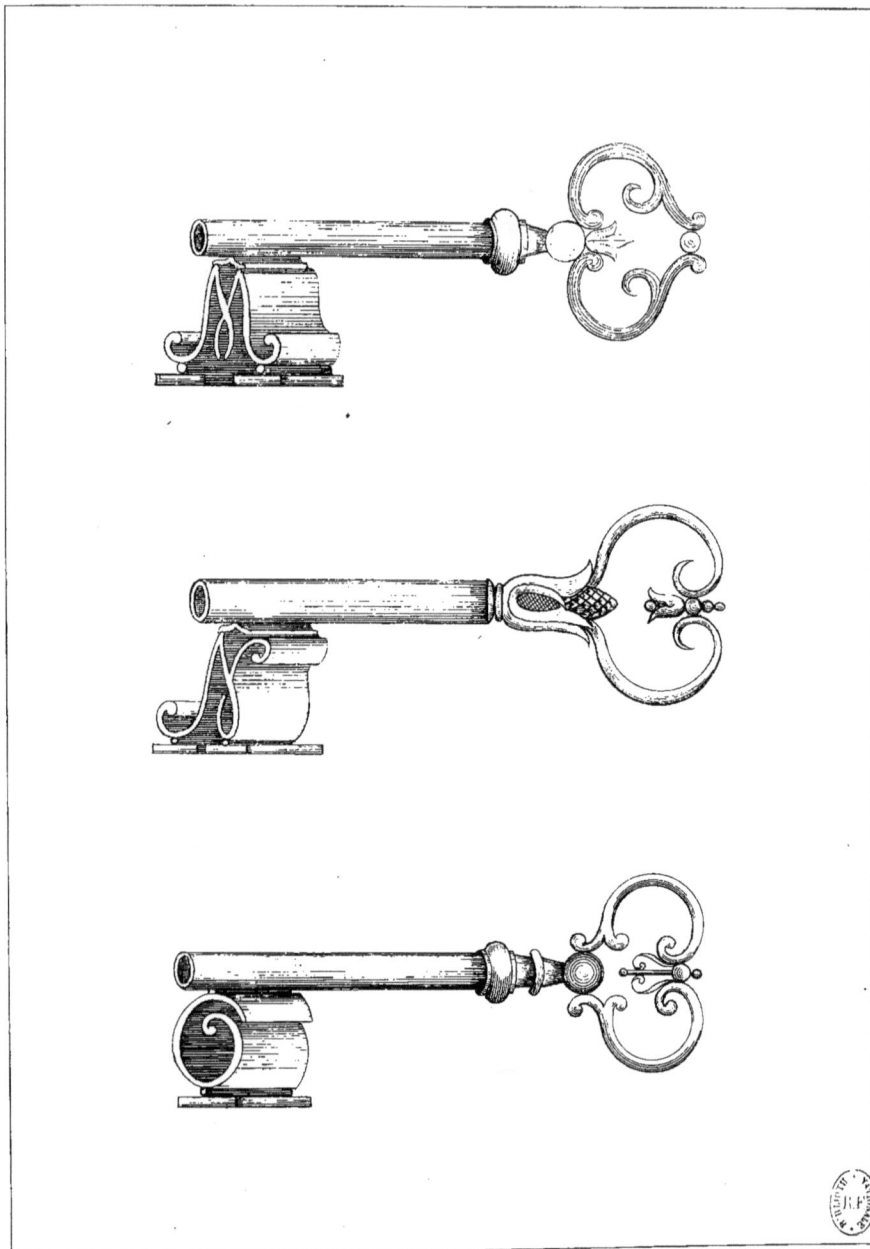

B. Lavedan del

Ass⁽ᵗⁱ⁾ d'bre⁽ᵉ⁾ lith Guillaumin et Cⁱᵉ 149 Quai Valmy, Paris

Librairie Artistique de E. DEVIERNE et Cⁱᵉ Éditeurs,
Rue Bonaparte Paris

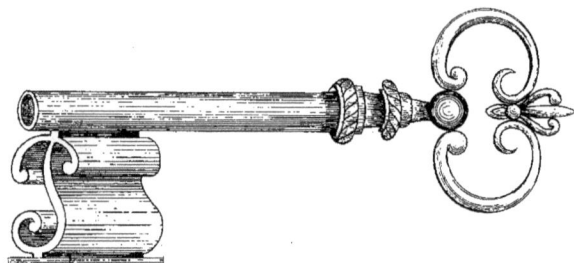

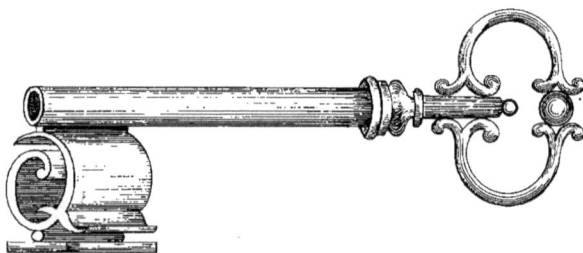

B. Lavedan del.

Assᵗ⁽ᵈᵉᵐ⁾ Imp. Guillaumot et Cⁱᵉ 148 Quai Valmy Paris

Librairie Artistique de E. DEVIENNE et Cⁱᵉ Éditeurs ,
18 , Rue Bonaparte. Paris

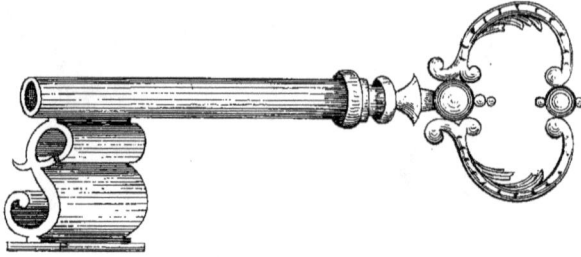

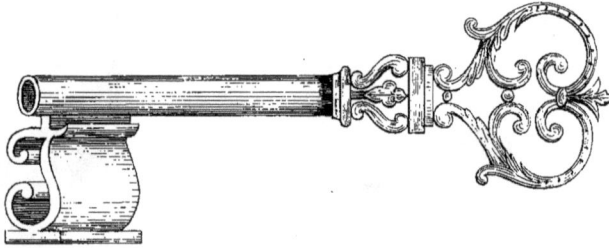

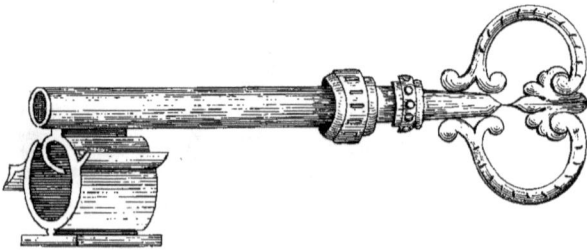

B. Lavedan del

Asance d'imp.rie lith. Guillaumin et Cie 143, Quai Valmy, Paris

Librairie Artistique de E. DEVIENNE et Cie. Éditeurs

16, Rue Bonaparte, Paris

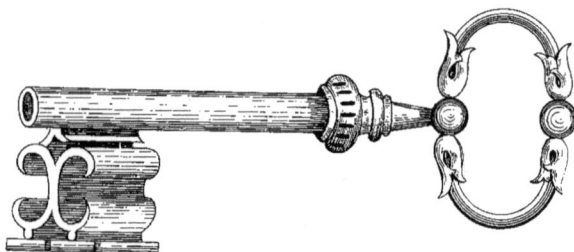

B. Lavedan del

Assⁿ d'ouvʳˢ lith Guillaumin et Cⁱᵉ 148, Quai Voltaire. Paris

Librairie Artistique de E. DEVIERNE et Cⁱᵉ Éditeurs .
16, Rue Bonaparte. Paris

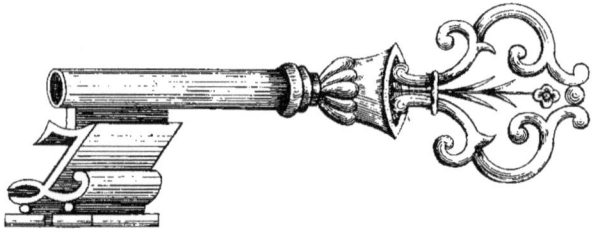

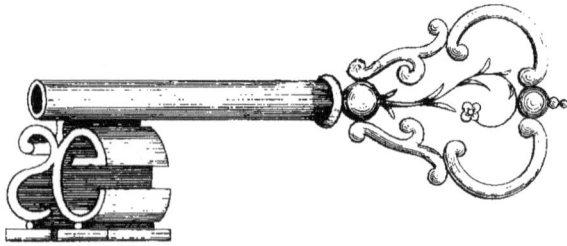

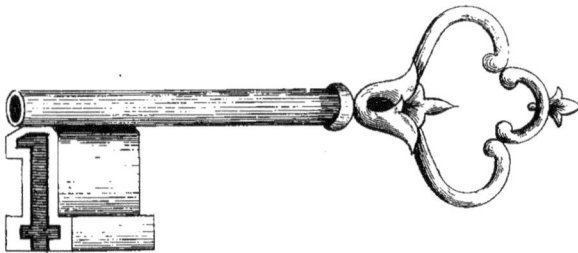

B Lavedan del

Ass²ᵉᵈ'ouv²ᵉ lith Guillaumin et Cⁱᵉ 149, Quai Valmy, Paris

Librairie Artistique de E DEVILNNE et Cⁱᵉ Editeurs,
15, Rue Bonaparte Paris

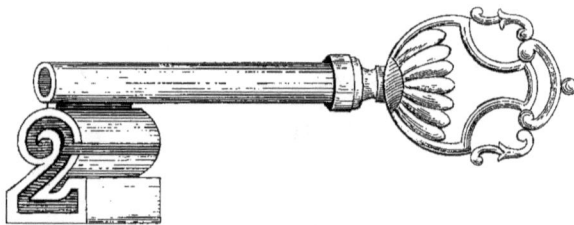

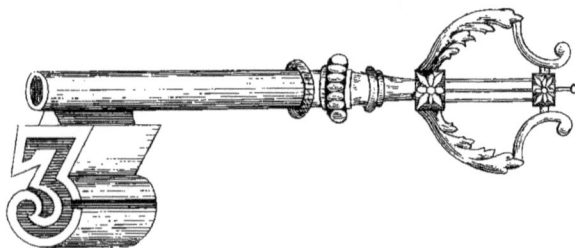

B. Lavedan del

Librairie Artistique de H. DEVIERNE et Cⁱᵉ Éditeurs
16, Rue Bonaparte Paris.

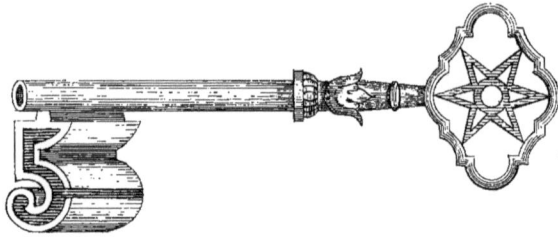

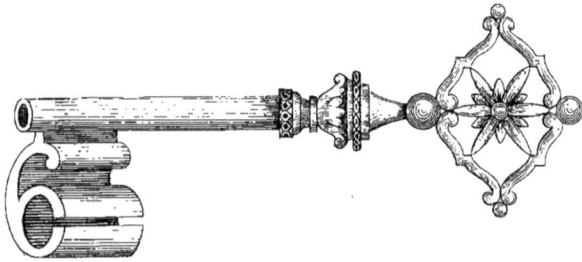

B. Lavedan del.

Ass⁰ⁿ⁵ ⁴ᵘᵛ⁰ Imp. Guillaumin et Cⁱᵉ 148, Quai Valmy, Paris

Librairie Artistique de E. DETERNE et Cⁱᵉ Éditeurs
78 Rue Bonaparte Paris

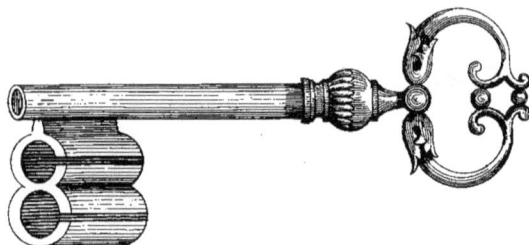

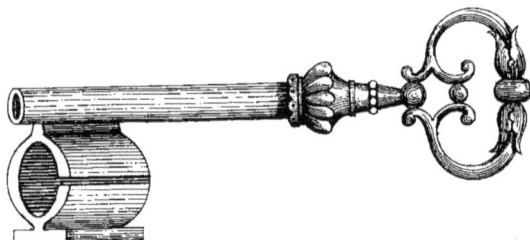

B Lavedan del

Assⁿ d'impⁿ Imp. Guillaumin et Cⁱᵉ 148, Quai Valmy, Paris

Librairie Artistique de E. DEVIENNE et Cⁱᵉ Éditeurs.

18, Rue Bonaparte, Paris

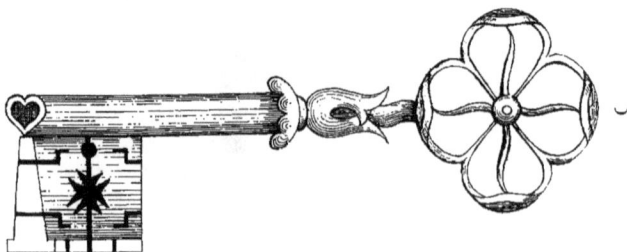

B Lavedan del.

Ass⁽ᵉ⁾ d'ouv⁽ʳˢ⁾ Imp. Guillaumin et Cⁱᵉ 148, Quai Valmy, Paris

Librairie Artistique de E. DEVIENNE et Cⁱᵉ, Éditeurs,
18, Rue Bonaparte, Paris

B. Lavedan del

Assᵗⁱ Ébⁿⁿ lith Guillaumin et Cⁱᵉ 148, Quai Valmy, Paris.

Librairie Artistique de E. DEVIENNE et Cⁱᵉ, Éditeurs,
18, Rue Bonaparte Paris

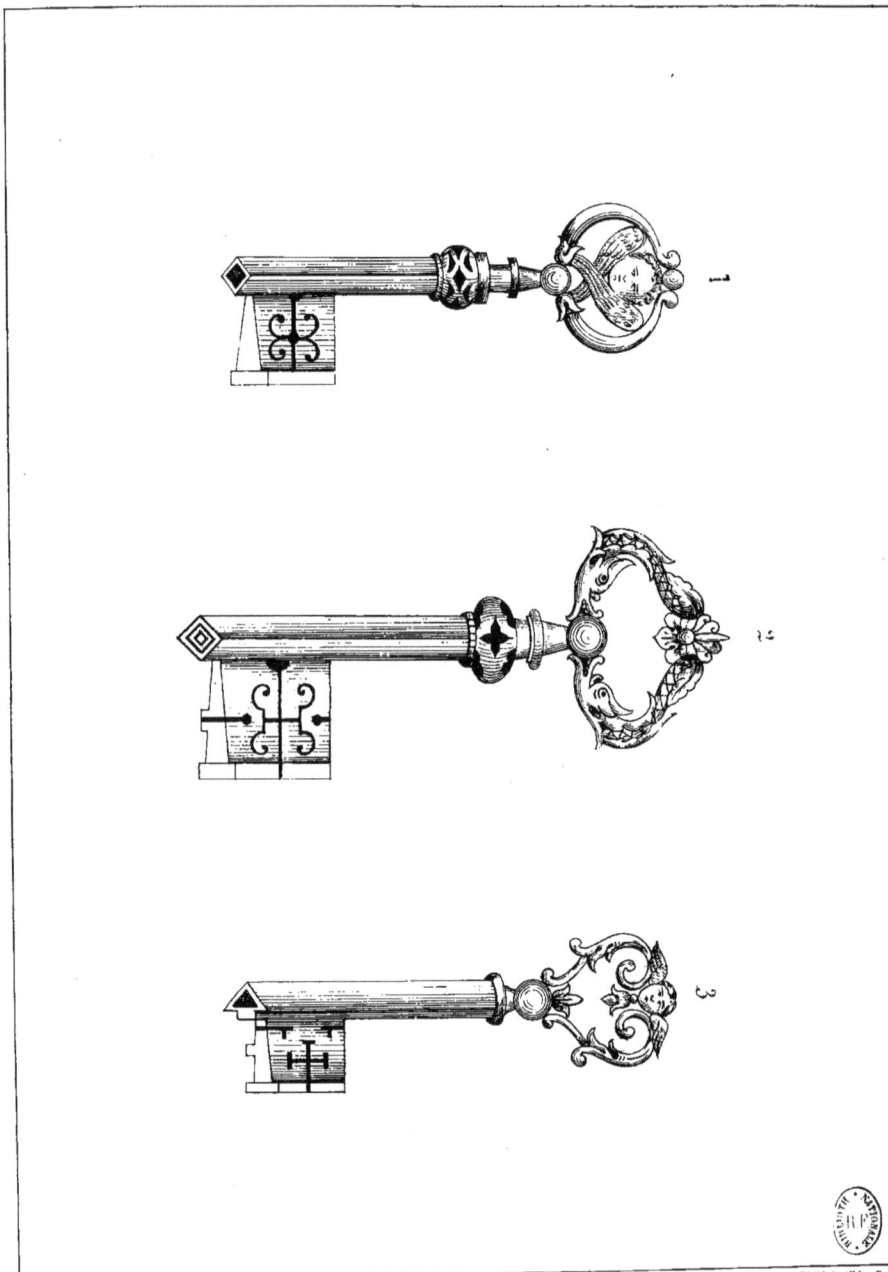

Librairie Artistique de E. DEVIENNE et Cⁱᵉ, Éditeurs,
18, Rue Bonaparte, Paris.

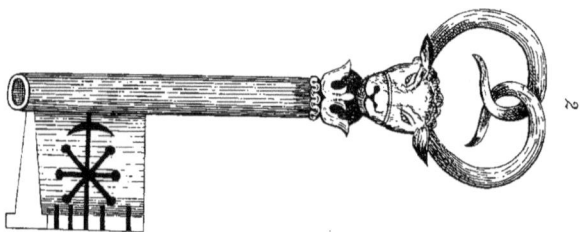

B. Lavedan del.

Ass⁵⁵ d'ouv⁵⁵ Lith. Guillaume et Cⁱᵉ 148, Quai Valmy. Paris

Librairie Artistique de E. DEVIENNE et Cⁱᵉ Éditeurs
18 Rue Bonaparte Paris

GUIDE PRATIQUE

D E

SERRURERIE USUELLE ET ARTISTIQUE.

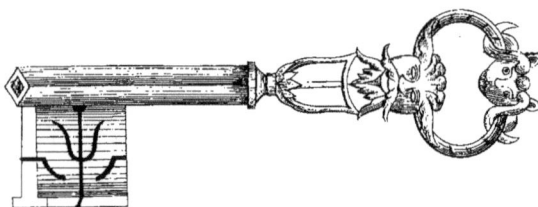

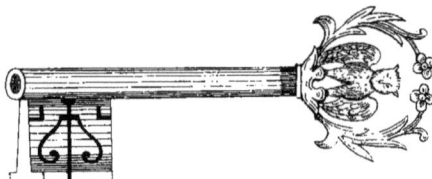

B Lavedan del   Assⁿ dᵉᵛᵛⁿ lith Guillaumin et Cⁱᵉ 148 Quai Valmy Paris

Librairie Artistique de E. DEVIENNE et Cⁱᵉ Éditeurs,
18. Rue Bonaparte, Paris

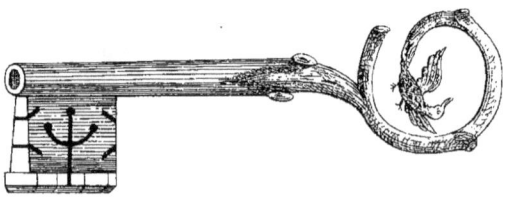

Ag.ᵉᵉ d'ᵉⁿⁱᵉ² Imp. Guillaumin et Cⁱᵉ 148, Quai Valmy, Paris

Librairie Artistique de E. DEVIENNE et Cⁱᵉ, Éditeurs,
18, Rue Bonaparte, Paris

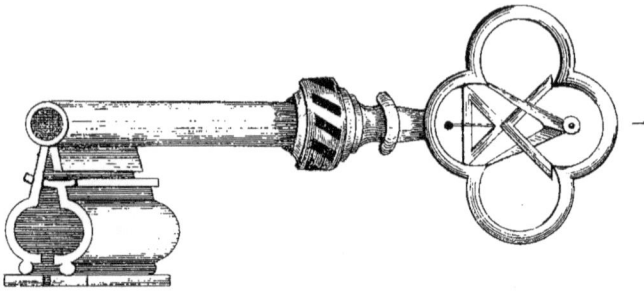

B. Lavedan del

Ass^{on} d'ouv^{rs} lith Guillaumin et Cie 163 Quai Valmy, Paris

Librairie Artistique de E. DeVIENNE et Cie Éditeurs,
18, rue Bonaparte, Paris

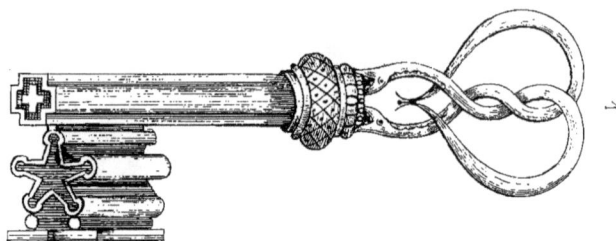

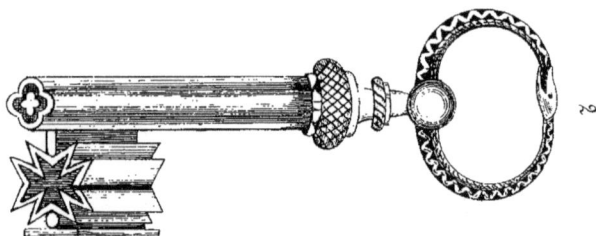

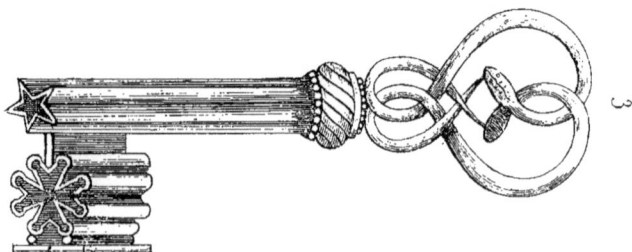

B. Lavedan del.   Ass⁻ᵈⁿ Lith. Guillaumin et Cⁱᵉ 143 Quai Valmy, Paris

Librairie Artistique de E. DEVIENNE et Cⁱᵉ Editeurs
15 Rue Bonaparte Paris

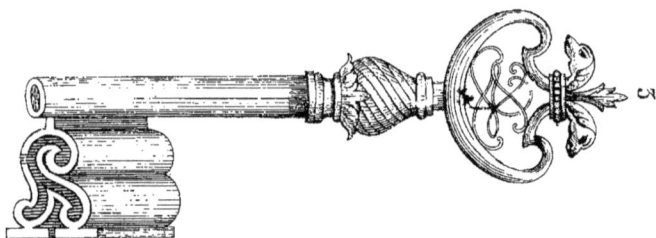

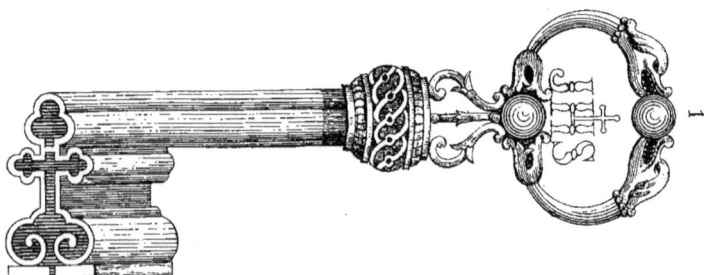

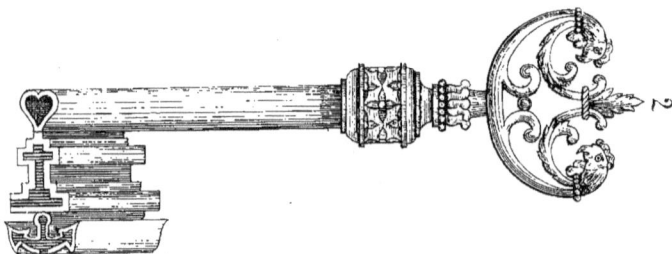

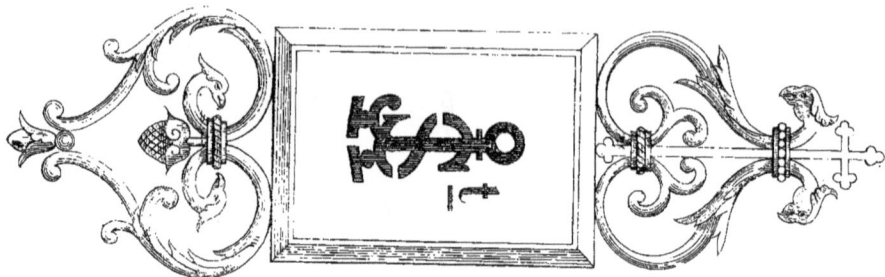

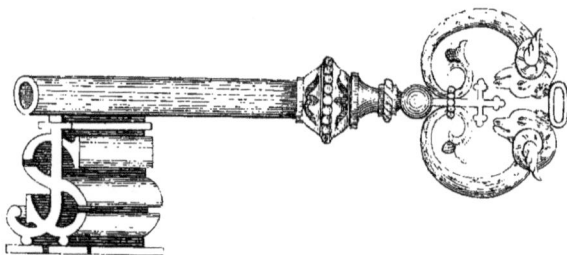

Ls roulan del   Assᵗⁱᵒⁿ déⁿᵉ Imp. Guillaume et Cⁱᵉ 143 Quai Valmy Paris

Imprimerie lithographique A. E. DEVIERNE et Cⁱᵉ Enveloppes
18 rue Bonaparte Paris

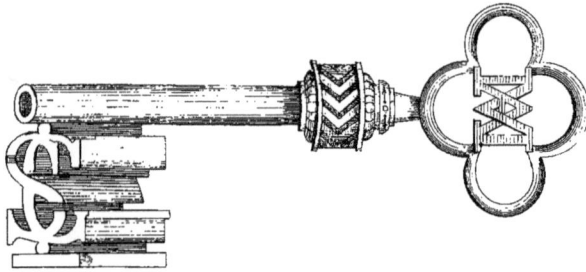

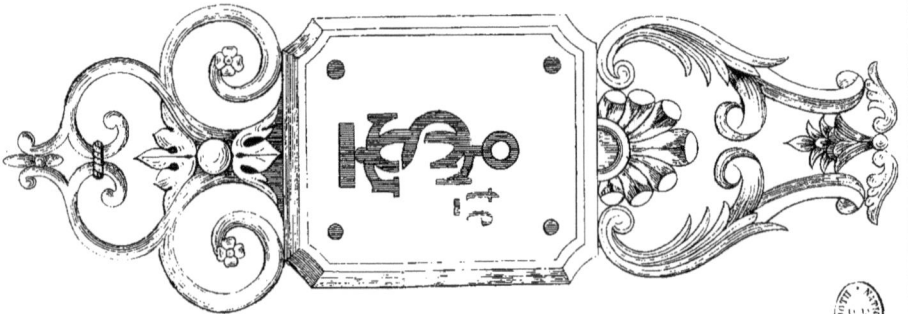

P. Lavedan del

Ass.ᵗ Gen.ᵉˡ lith Guillaumin et Cⁱᵉ 119 quai Valmy Paris

Librairie Artistique de E. DEVIENNE et Cⁱᵉ Éditeurs
18 Rue Bonaparte, Paris.

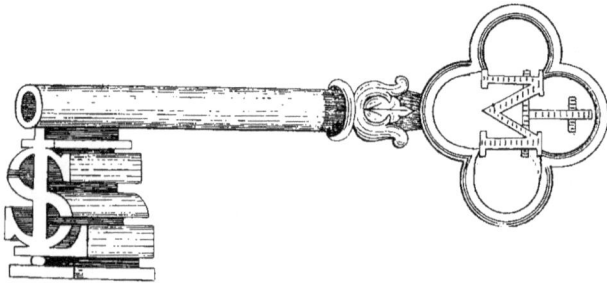

B. Lavedan del   Ass⁰ⁿ d'ouv⁰ʳ lith Guilaumot et Cⁱᵉ 143, Quai Valmy Paris

Librairie de me⁰ à A. E. DEVERNE

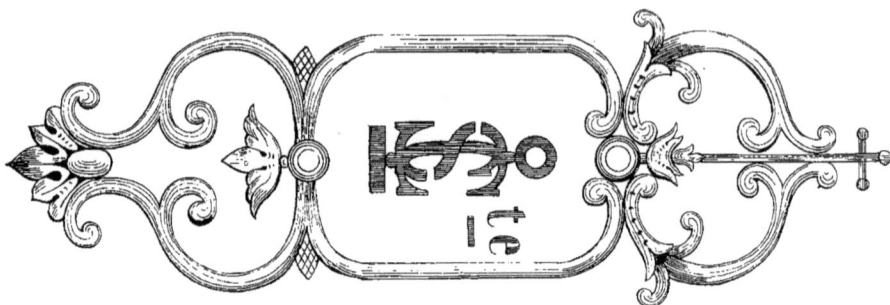

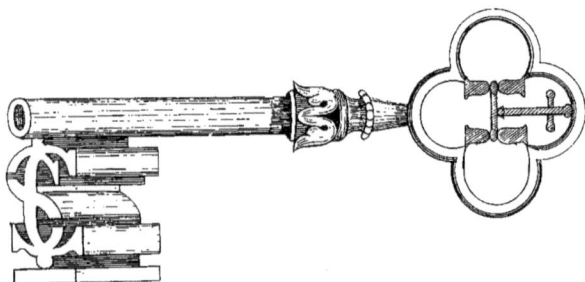

B. Lavedan del.

Ass^ᵗᵈᵒᵘᵛˢ lith Guillaumin et Cⁱᵉ 145, quai Valmy, Paris

Librairie Artistique de E. BEVIERNE et Cⁱᵉ Éditeurs,
26, Rue Bonaparte, Paris.

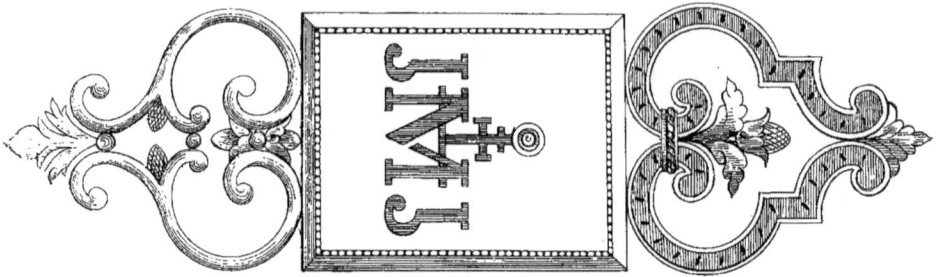

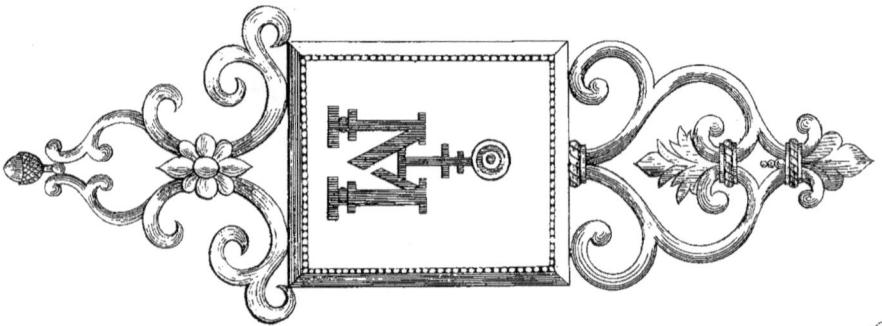

B Lavedan del

Ass^{tion} éem^{lle} lith Gentlaur et Cie 149 faci Velay Paris

Librairie Artistique de E DEVIERNE et Cie, Éditeurs,
18, Ru Bonaparte, Paris

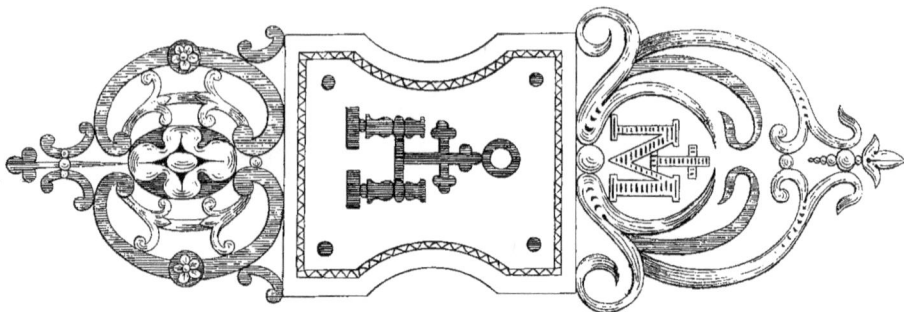

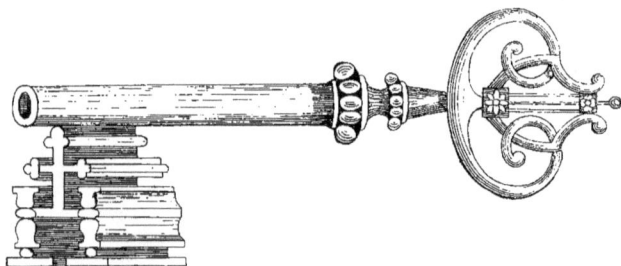

B. Lavedan. del.

Asⁿᵗ d'ouvʳⁱ Imp. Guillaumin et Cⁱᵉ 163, Quai Valmy, Paris.

Librairie Artistique de E. DAVIENNE et Cⁱᵉ Éditeurs,

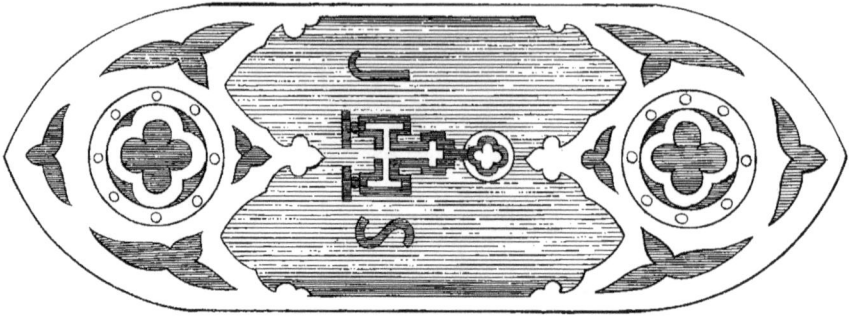

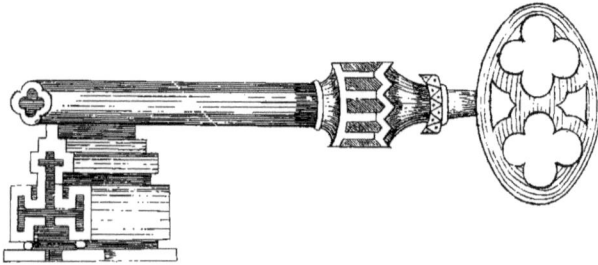

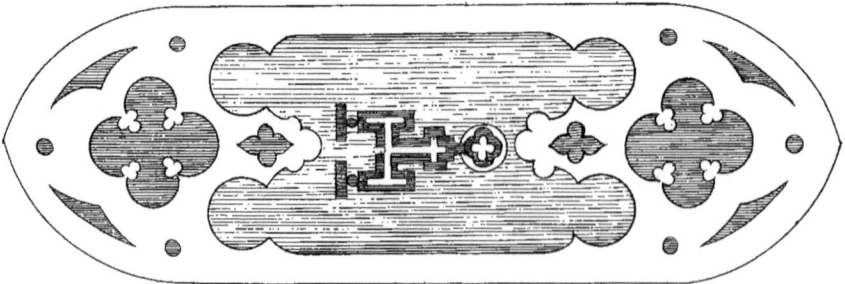

Assⁿˢ Gⁿᵉˢ Imp. Guillaumin et Cⁱᵉ 148, Quai Valmy, Paris

Librairie Artistique de E. DEVIENNE et Cⁱᵉ, Éditeurs,
16, Rue Bonaparte Paris

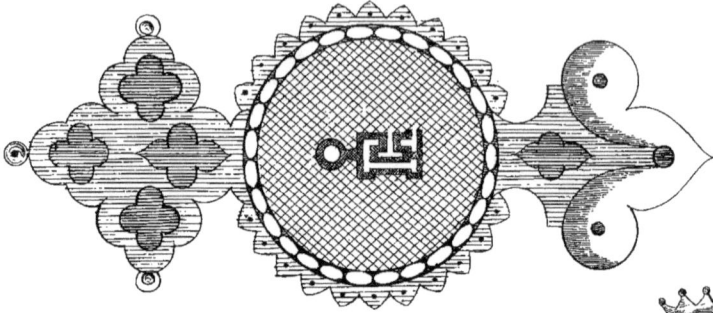

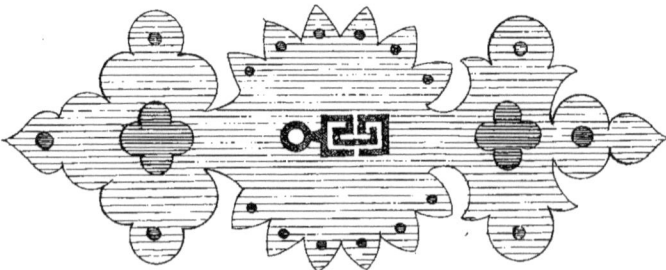

Librairie Artistique de E DEVIENNE et Cⁱᵉ Éditeurs

18 Rue Bonaparte, Paris

B. Lavedan del

Assᵗⁱᵒⁿ ⁱᵇˢᵉʳᵛˡⁱ Im, Guillaume et Cⁱᵉ 149. Quai Voltry, Paris

Librairie Artistique de E. GEVIENNE et Cⁱᵉ Editeurs

18, Rue Bonaparte, Paris

B. Lavedan del   Ass⁻ᵈᵉᵛ⁻ⁱⁿⁿ Guillaumin et Cⁱᵉ 149 quai Valmy, Paris

Librairie Artistique de E. DEVIENNE et Cⁱᵉ Éditeurs,
15 Rue Bonaparte, Paris

Librairie Artistique de E. DEVIENNE et Cⁱᵉ Éditeurs.
18 Rue Bonaparte Paris

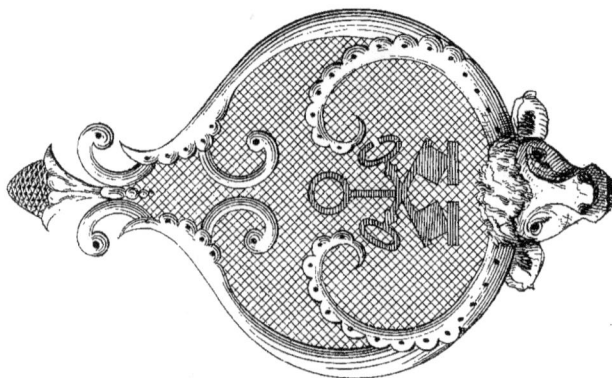

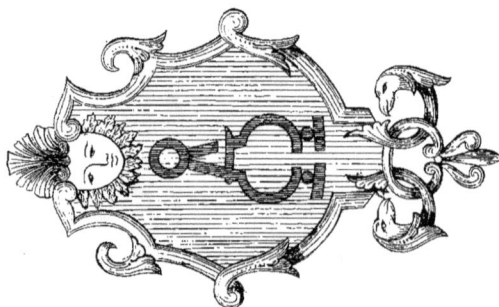

B. Lavedan del

Ass^té d'ouv^rs Lith Guillaumin et Cie 149, Quai Valmy, Paris

Librairie Artistique de E. DEVIERNE et Cie, Éditeurs,

16, Rue Bonaparte, Paris

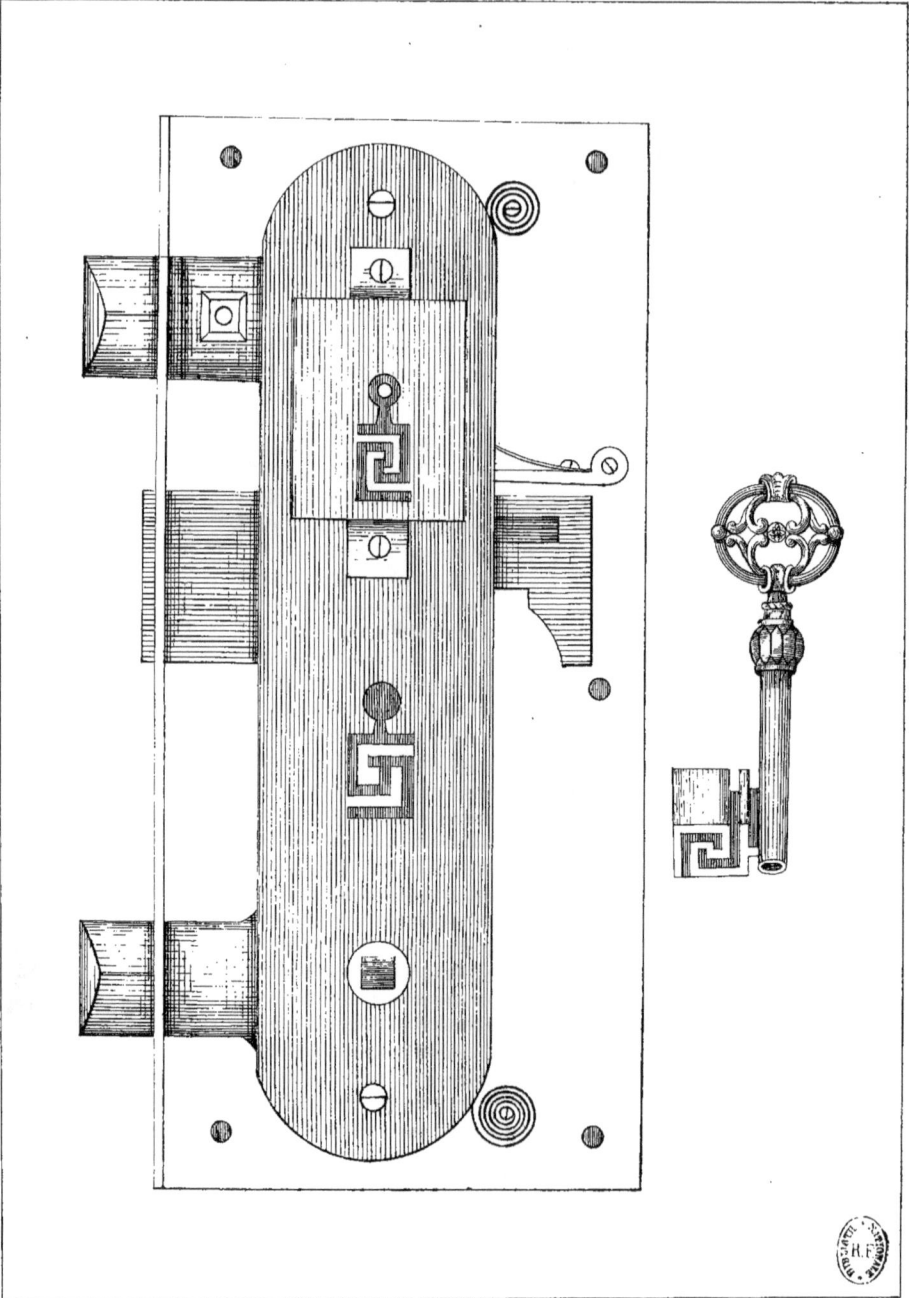

B. Lavedan del

Ass.ᵐᵉⁿᵗ d'ᵉᵖᵛᵉ Imp. Guillaumin et Cⁱᵉ 149, Quai Valmy Paris

Librairie Artistique de E. DEVIERNE et Cⁱᵉ, Éditeurs,
18 Rue Bonaparte, Paris

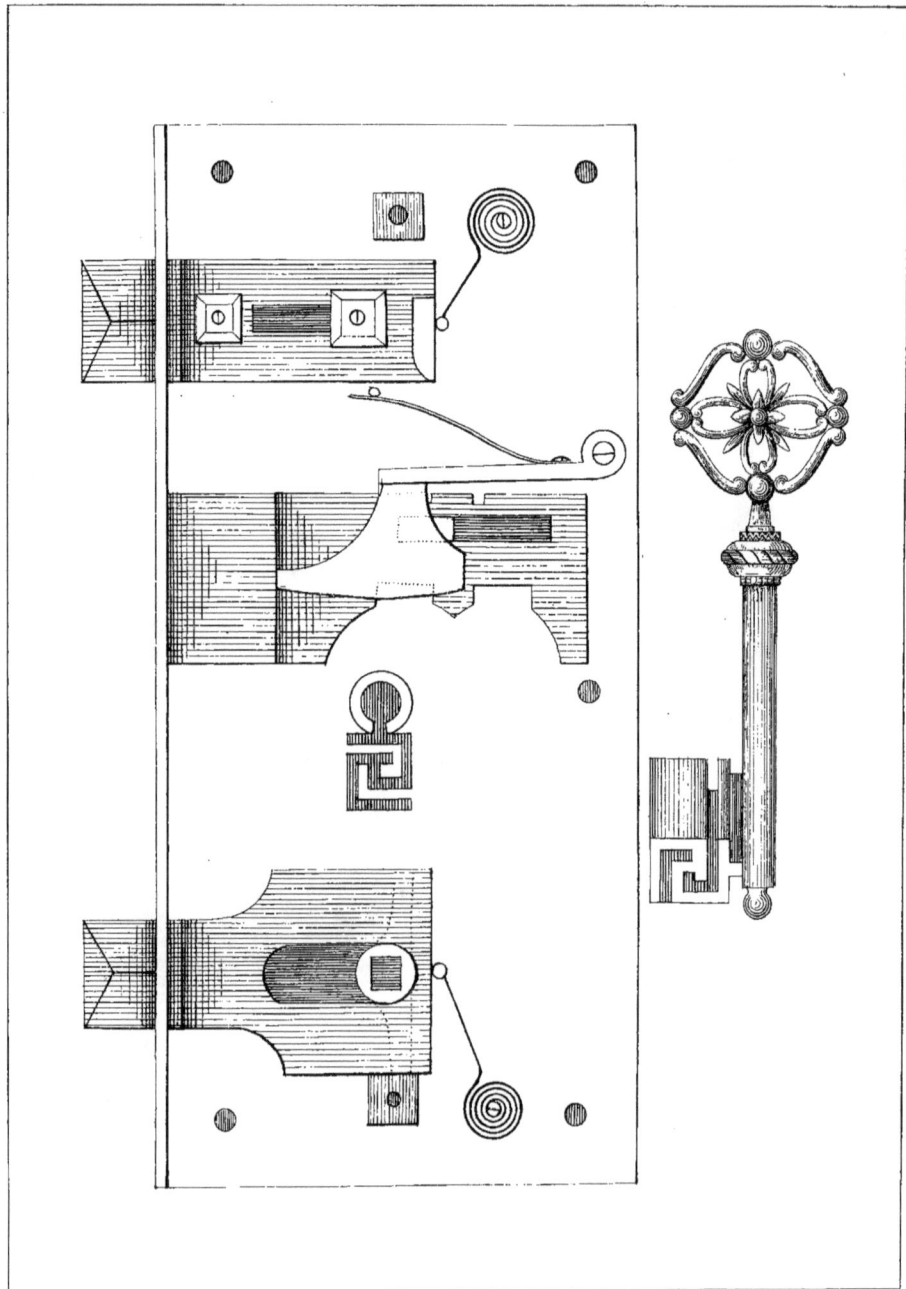

B. Lavedan del

Ast^ᵉᵈ'ᵉᵘⁿ lith. Guillaumin et Cⁱᵉ 148, Quai Valmy, Paris

Librairie Artistique de E. DAVIERNE et Cⁱᵉ Éditeurs,
12 Rue Bonaparte Paris

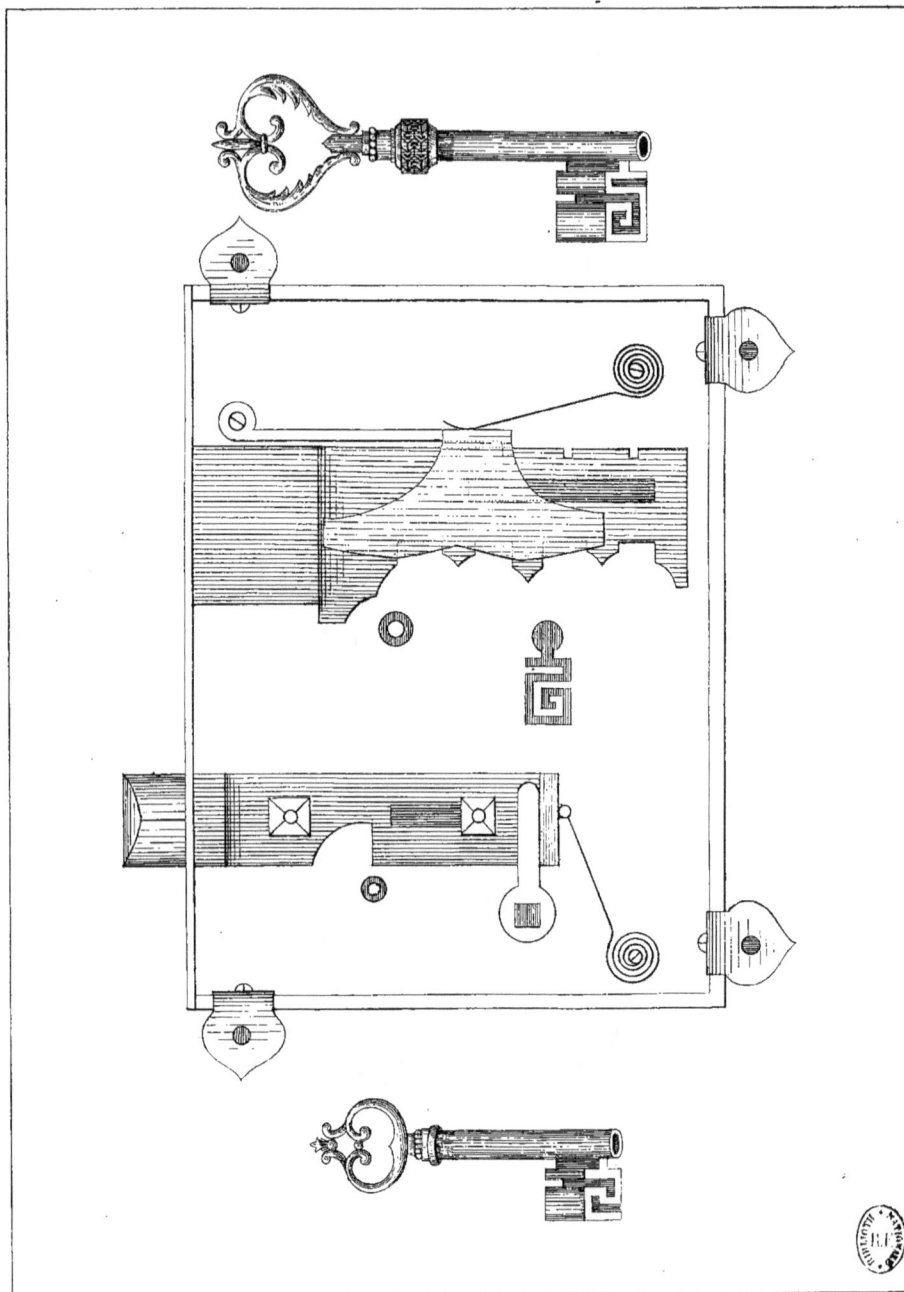

B. Lavedan del

Ass⁗ d'ouv⁗ lith. Guillaumin et Cⁱᵉ 148, Quai Valmy, Paris

Librairie Artistique de E. DEVIENNE et Cⁱᵉ, Éditeurs,
18, Rue Bonaparte, Paris

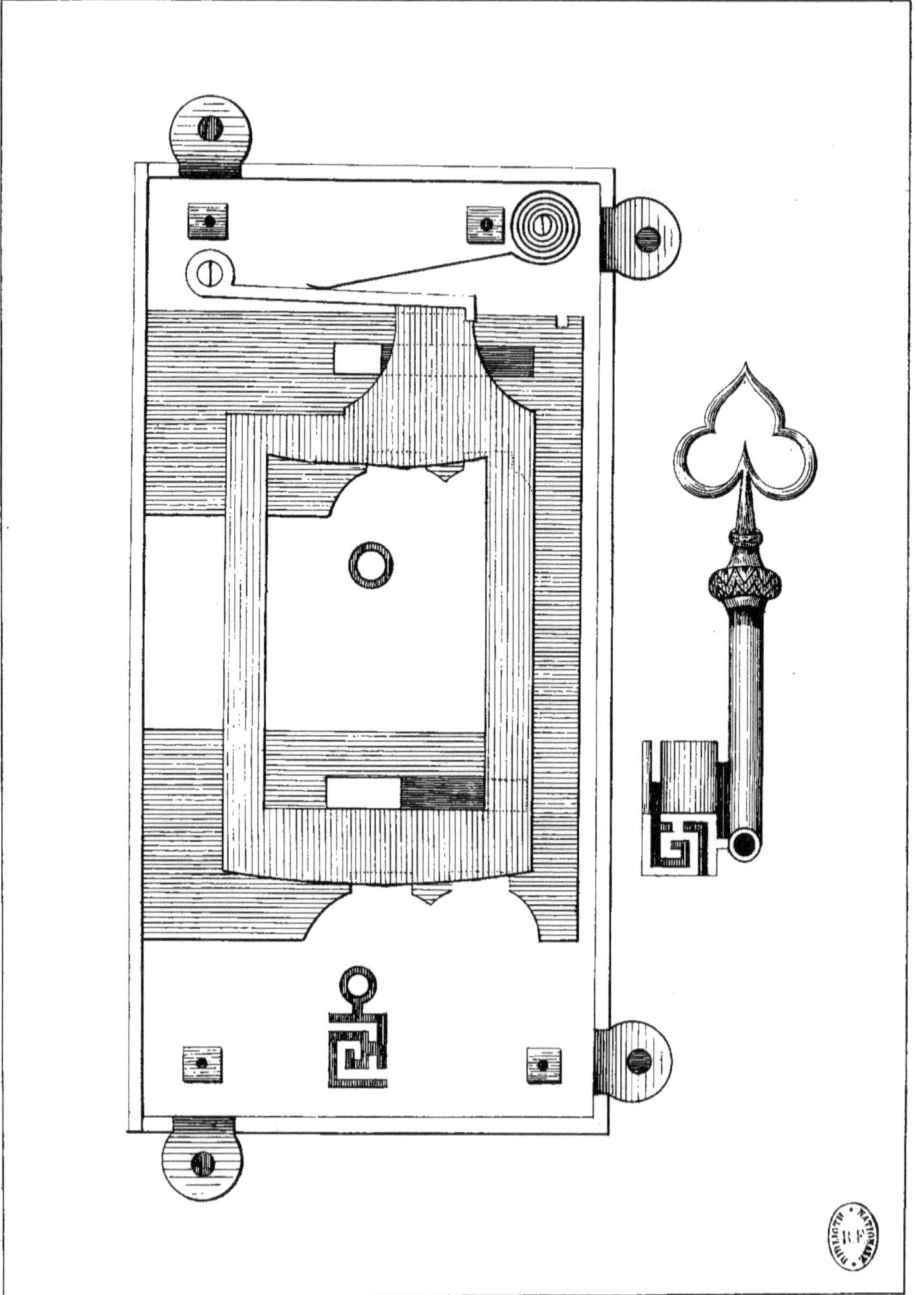

B. Lavedan del

Assⁿᵉᵈ'ᵉᵐᵗ litt. Guillaumin et Cⁱᵉ 149, Quai Valmy, Paris

Librairie Artistique de E. DEVIENNE et Cⁱᵉ, Editeurs,

18, Rue Bonaparte, Paris.

B. Lavedan del.

Assⁿ d'imⁿ lith. Guillaumin et Cⁱᵉ 169 Quai Valmy, Paris

Librairie Artistique de E. DEVIENNE et Cⁱᵉ. Éditeurs,
18, Rue Bonaparte, Paris

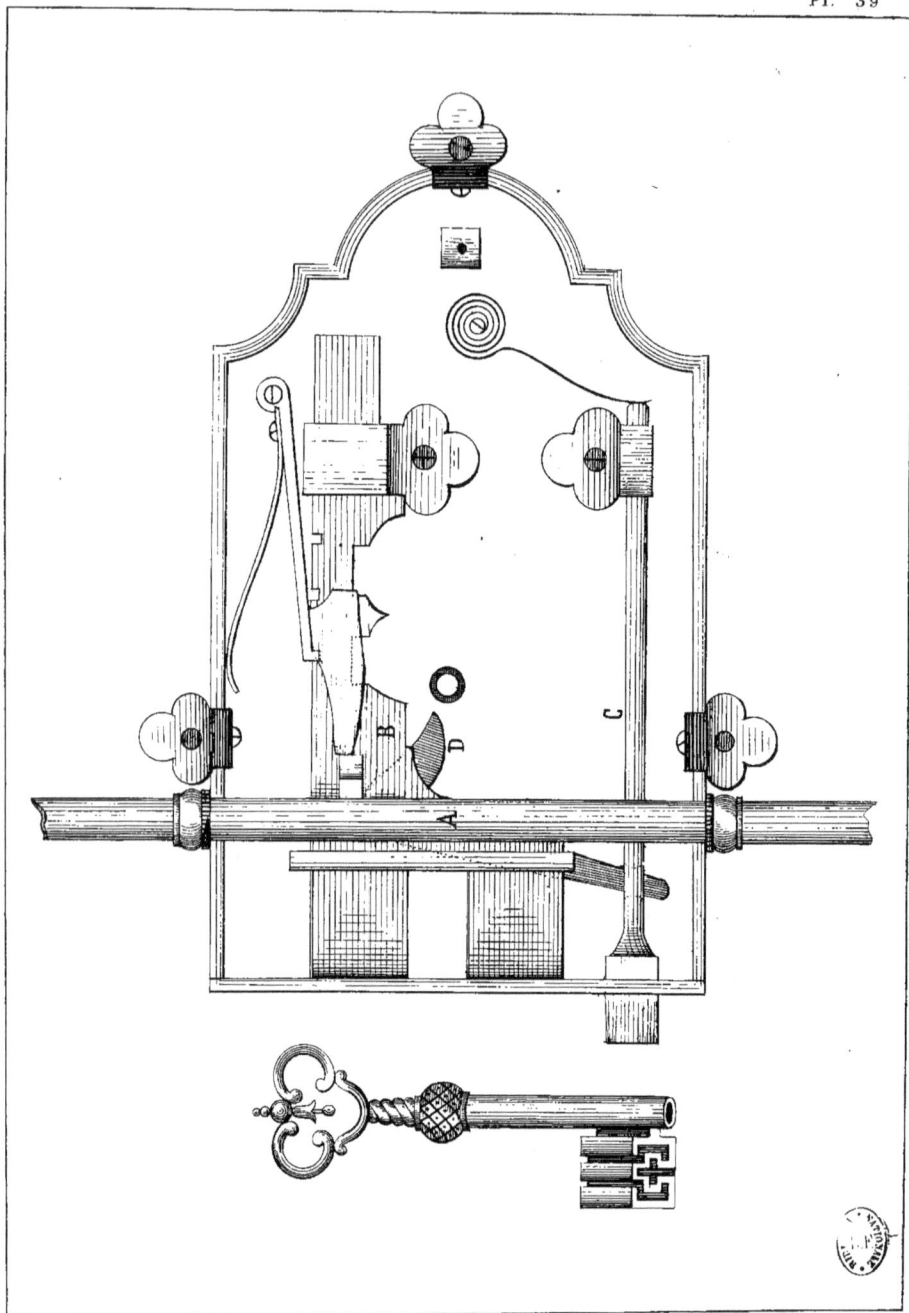

Librairie Artistique de E. DEVIENNE et Cie, Éditeurs,

18. Rue Bonaparte, Paris.

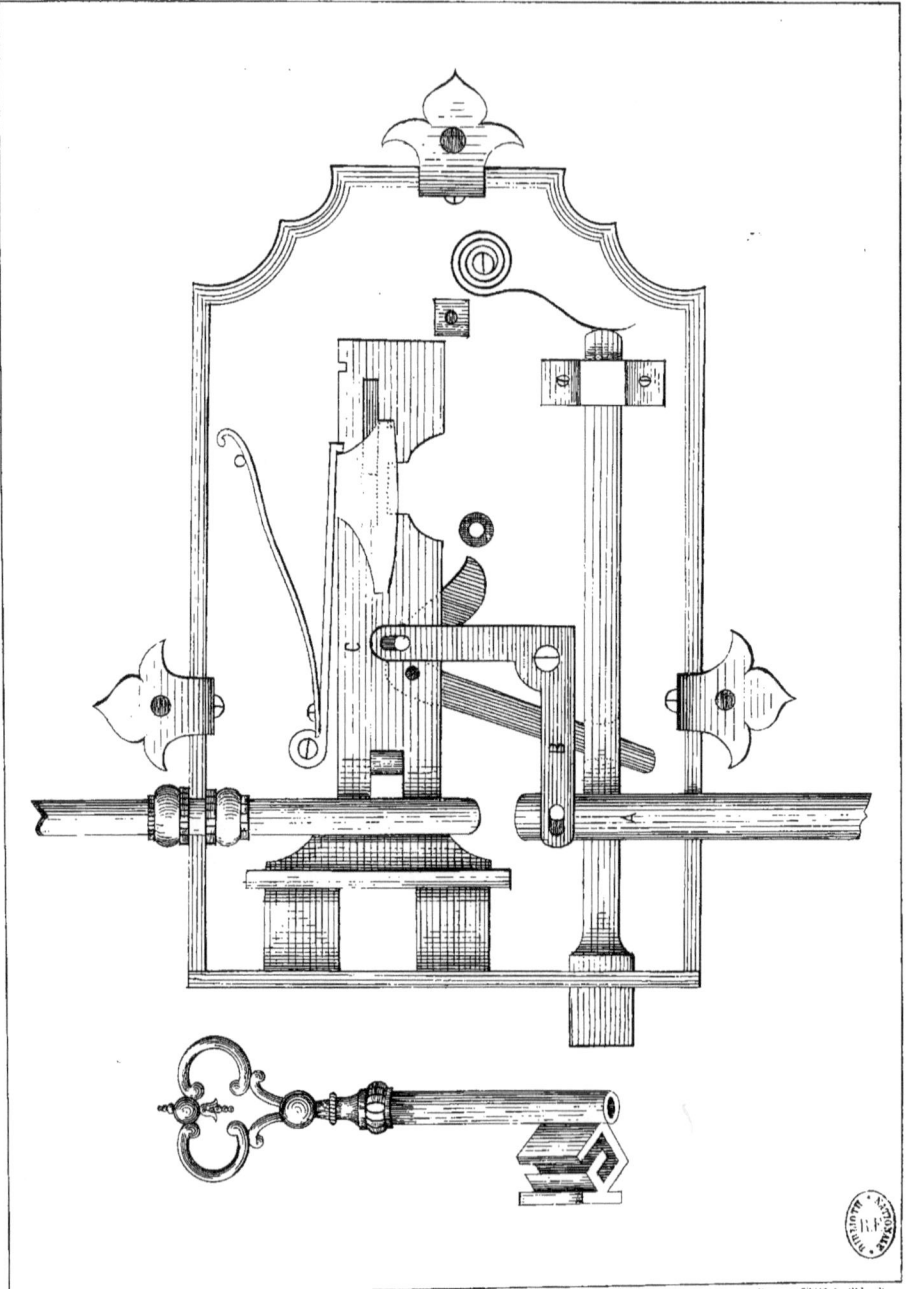

B. Lavedan del

Assᵗⁿ dᵉᵘʳ lith.Guillaumin et Cⁱᵉ 149, Quai Valmy. Paris

Librairie Artistique de E. DEVIENNE et Cⁱᵉ. Éditeurs,

15, Rue Bonaparte. Paris

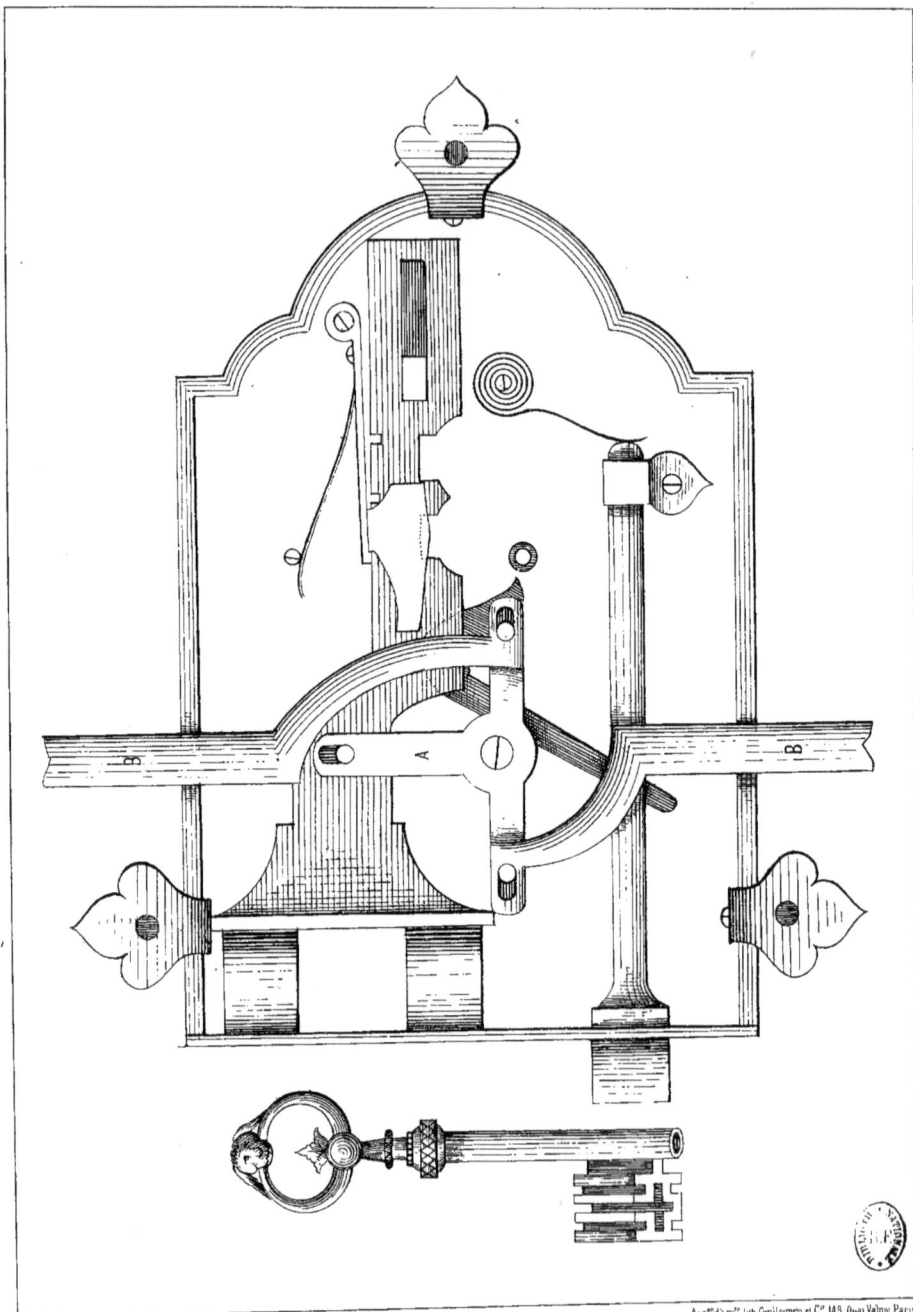

B. Lavedan del

Ass⁽ᵉⁱ⁾ & ᵗᵃᵛⁱᵉ lith Guillaumin et Cⁱᵉ 149 Quai Valmy Paris

Librairie Artistique de E. DEVIENNE et Cⁱᵉ Éditeurs.
18 Rue Bonaparte Paris.

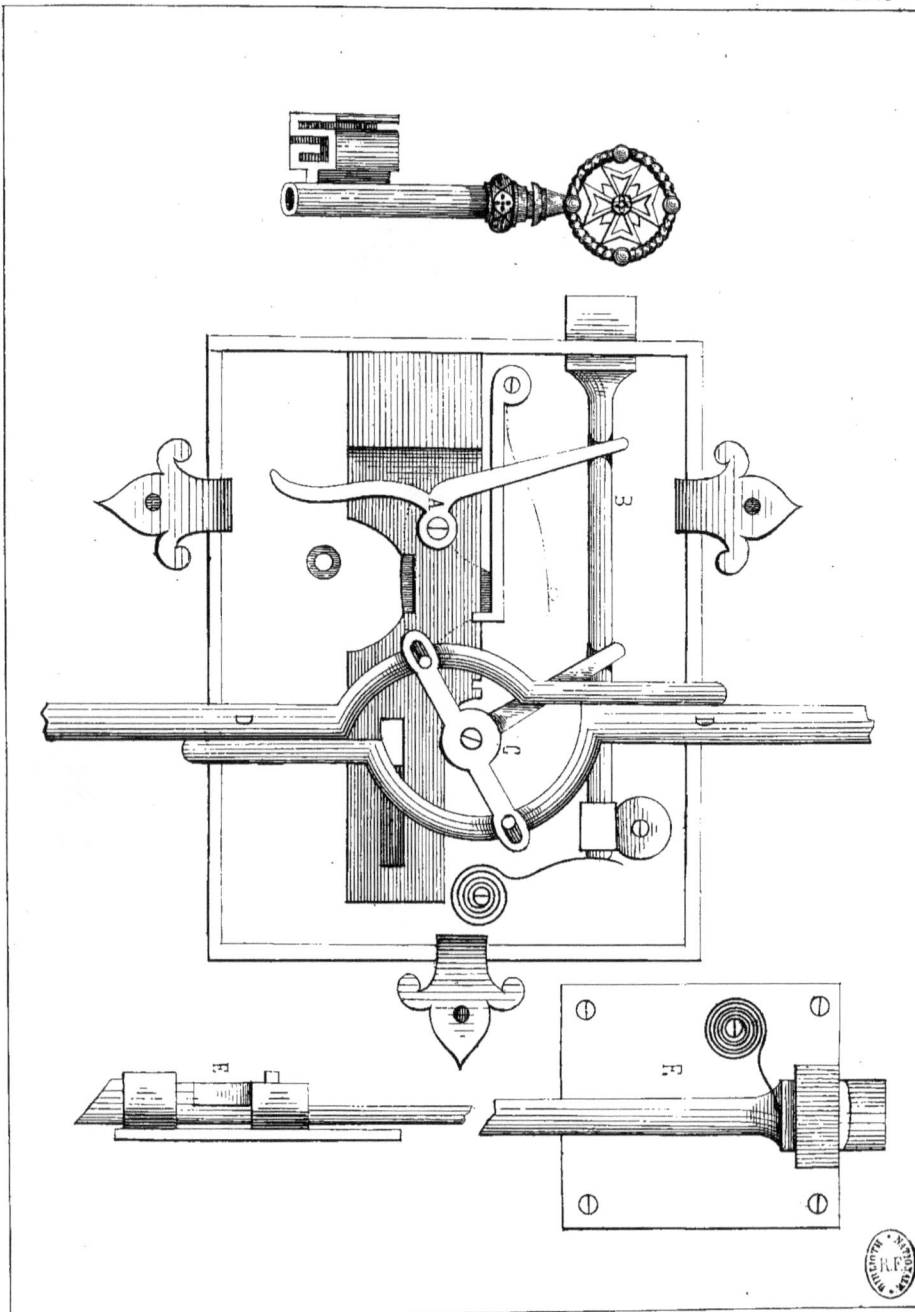

Librairie Artistique de E. DeVIENNE et Cie Éditeurs,
18, Rue Bonaparte, Paris.

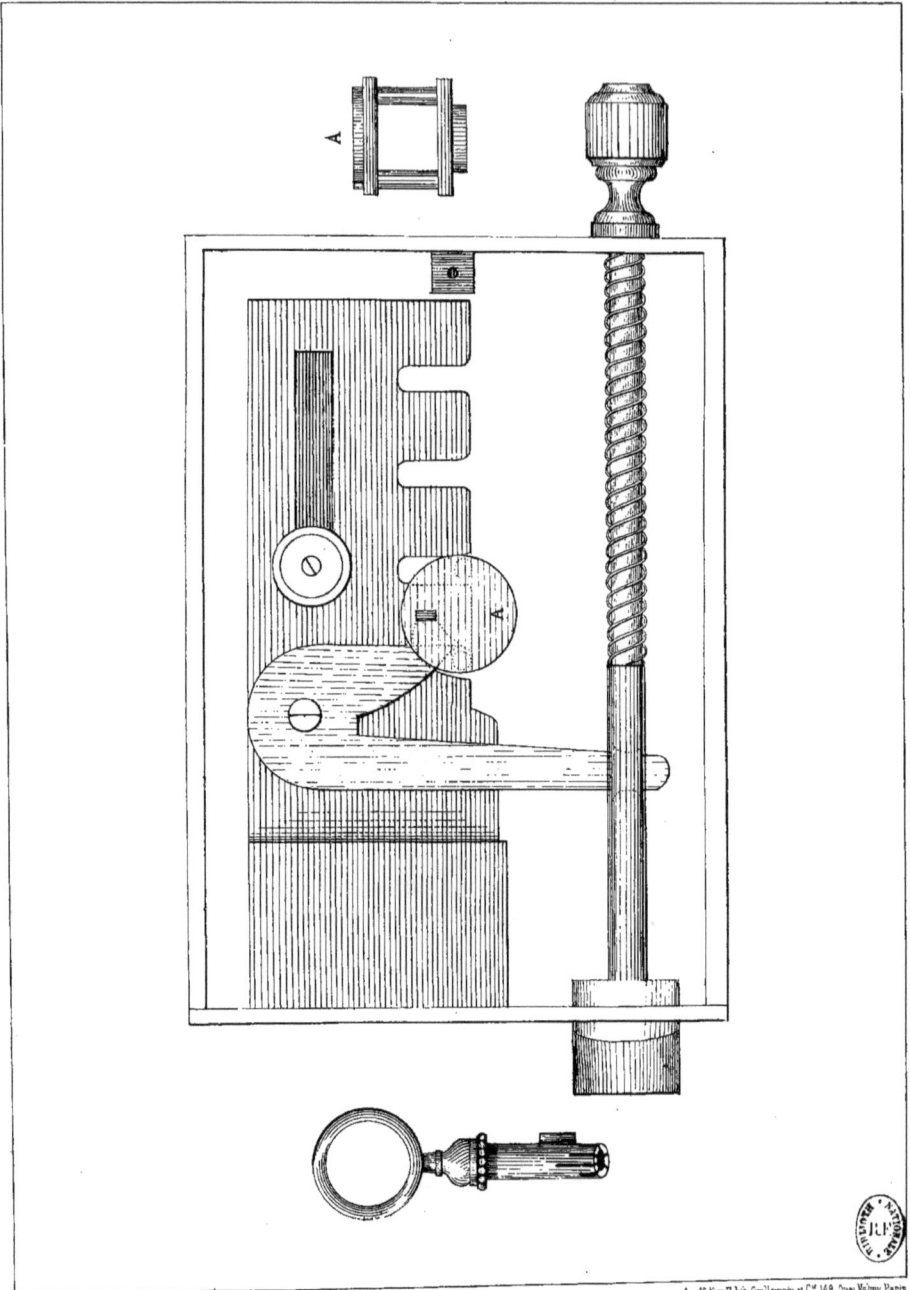

Librairie Artistique de E. DEVIENNE et Cⁱᵉ Éditeurs ,

18 Rue Bonaparte Paris

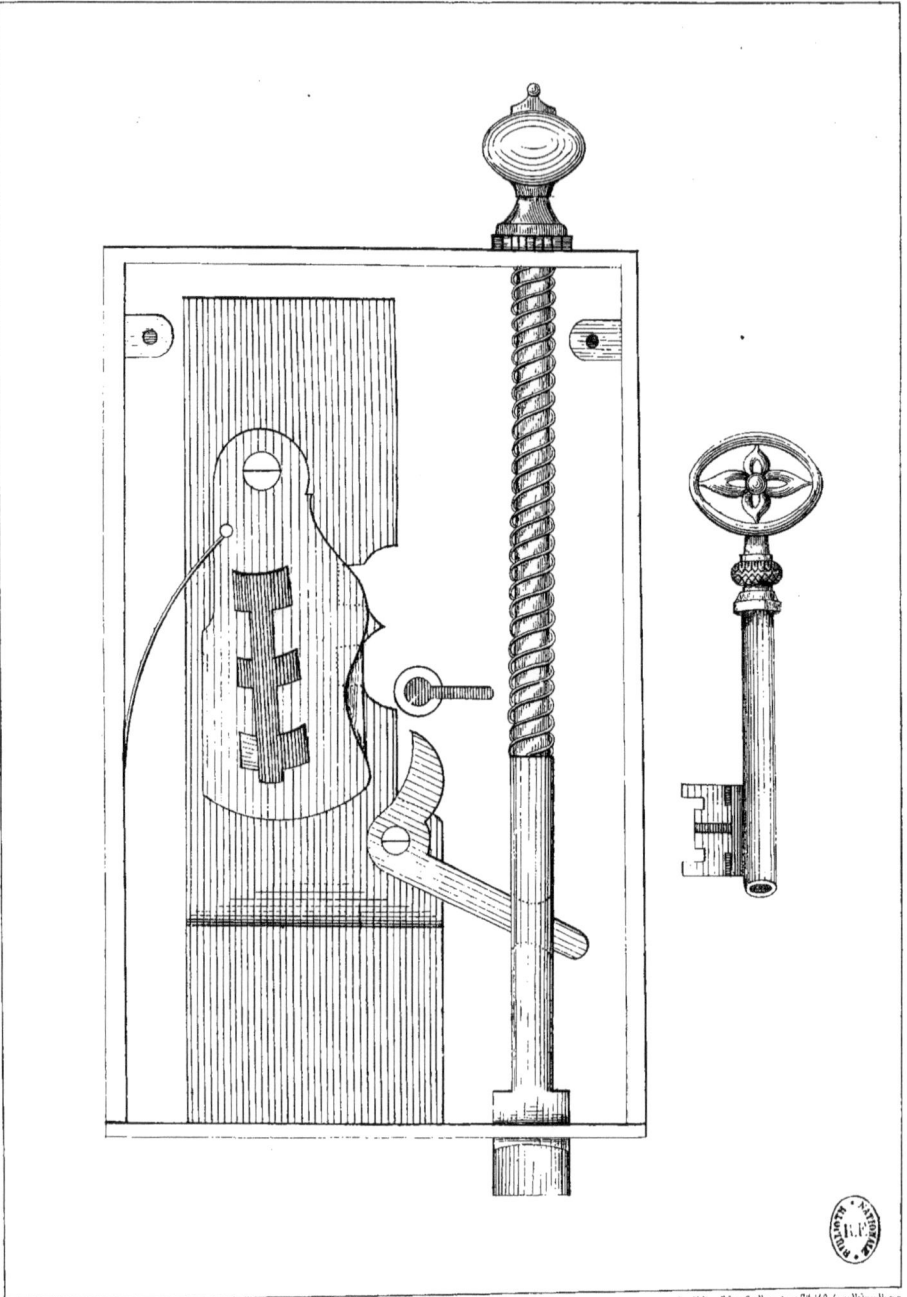

Librairie Artistique de E. DEVIERNE et Cⁱᵉ Éditeurs

15, Rue Bonaparte Paris

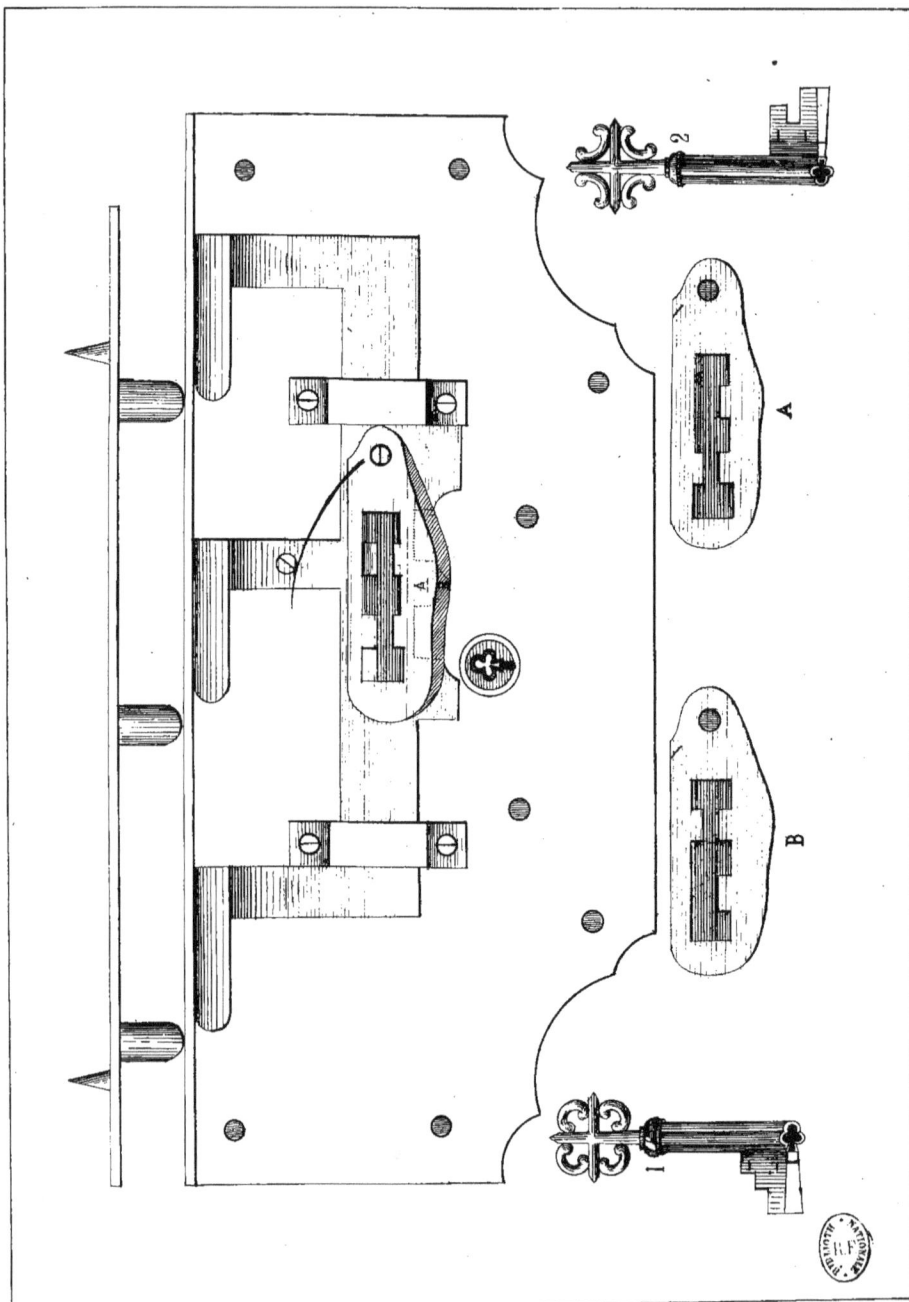

B. Lavedan del

Assⁿᵈ ð̈ʷⁱˢ Lith. Guillaumin et Cⁱᵉ 148, Quai Valmy, Paris

Librairie Artistique de E. DEVIENNE et Cⁱᵉ. Éditeurs,
18 Rue Bonaparte, Paris.

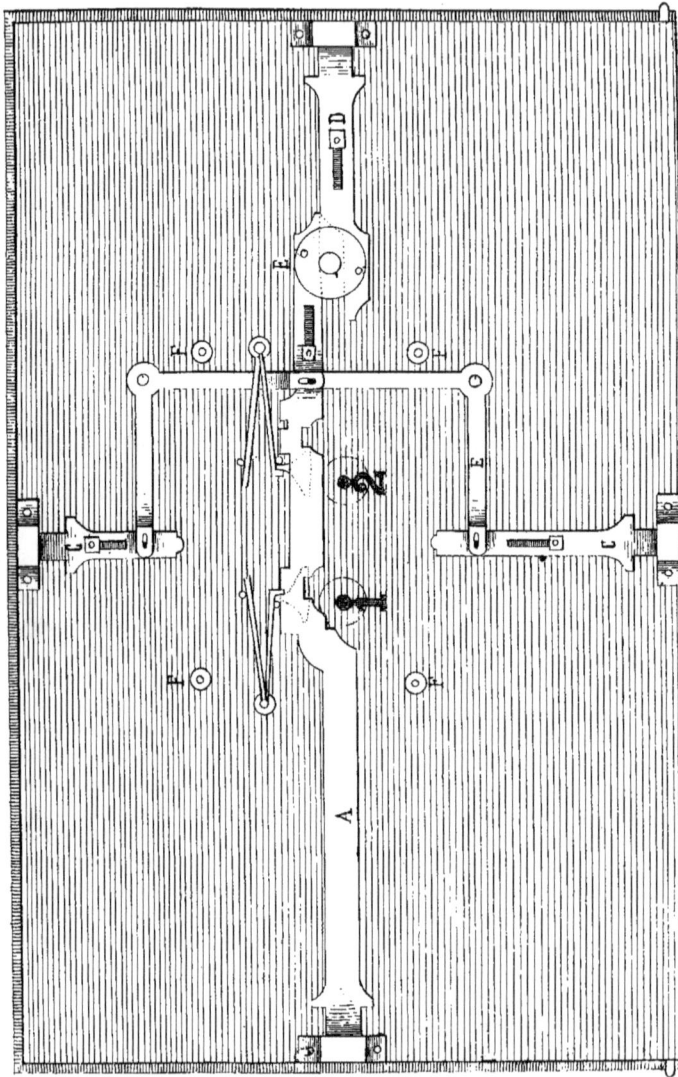

B. Lavedan del

Ass^ᵗᵈ^ᵒⁿ Imp. Guillaumin et Cⁱᵉ 148, quai Valmy, Paris.

Librairie Centrale de E. DEVIENNE et Cⁱᵉ, Éditeurs
2, Rue Bonaparte, Paris.

B Lavedan del

Assᵐᵉⁿᵗ dᵉᵘˣᵗ̃ᵉ Iᵐᵖ Guillaume et Cⁱᵉ 148 Quai Valmy, Paris

Librairie Artistique de E. DEVIGNE et Cⁱᵉ Éditeurs
28 Rue Bonaparte Paris

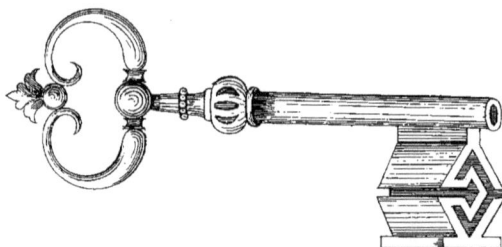

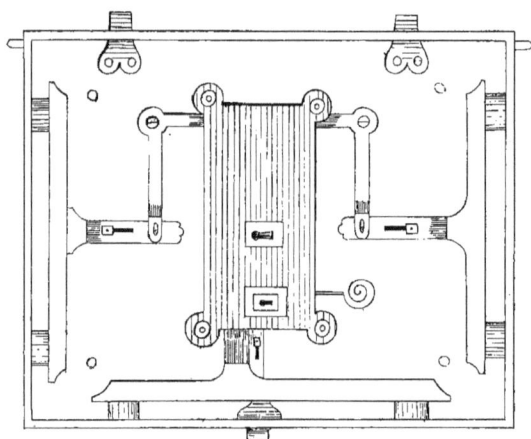

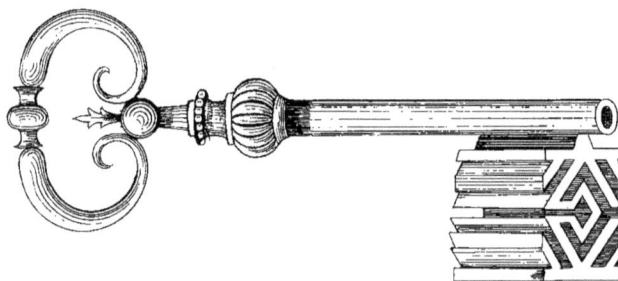

B. Lavedan del

Assⁿ d'ouvⁿˢ Lith.Guillaumin et Cⁱᵉ 148. Quai Valmy. Paris.

Librairie Artistique de E. DEVIERNE et Cⁱᵉ. Éditeurs,
18 Rue Bonaparte Paris.

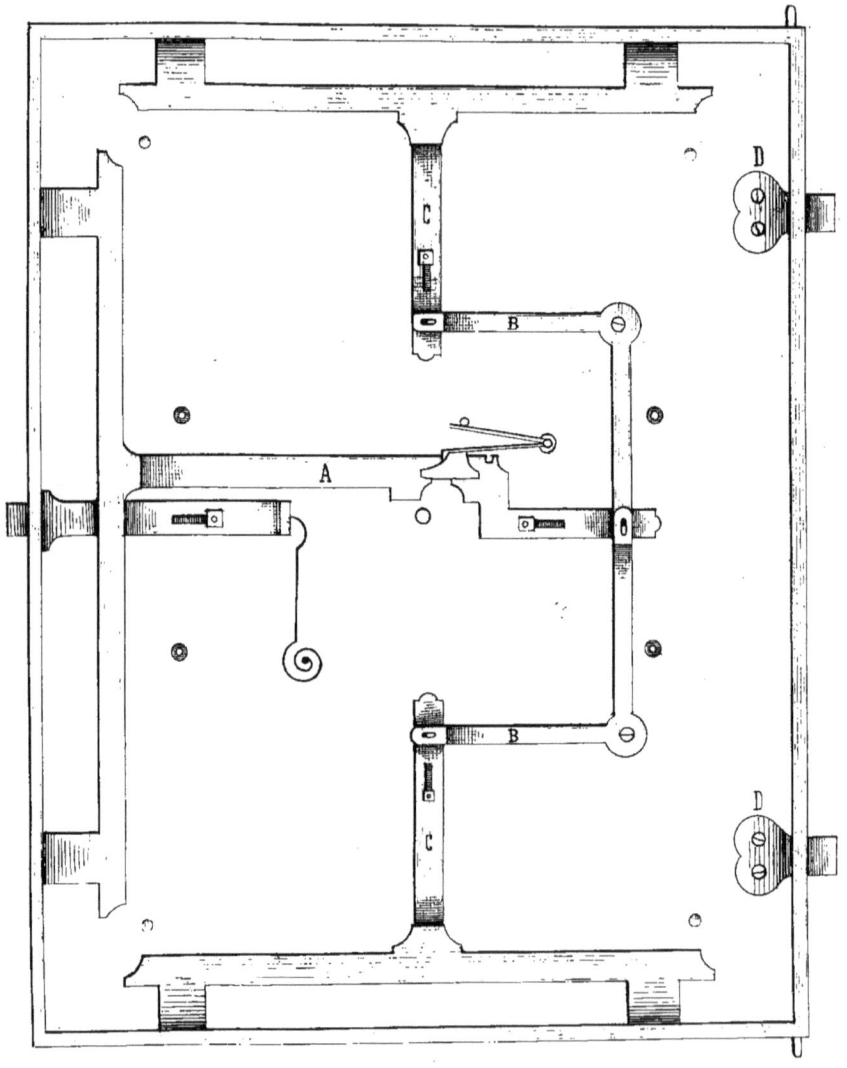

Librairie Artistique de F. DEVIENNE et Cⁱᵉ Éditeurs.
52 Rue Bonaparte. Paris

B. Lavedan del

Ass^ᵗⁿ d'bᵘᵉ^ᵗ lith. Guillemant et Cⁱᵉ 149 Quai Valmy Paris

Librairie Artistique de E. DeVIENNE et Cⁱᵉ Éditeurs,
18 Rue Bonaparte Paris

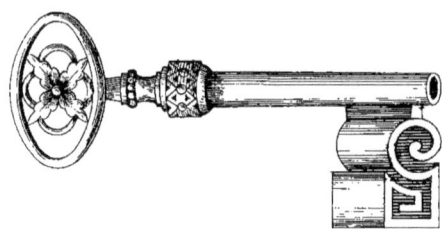

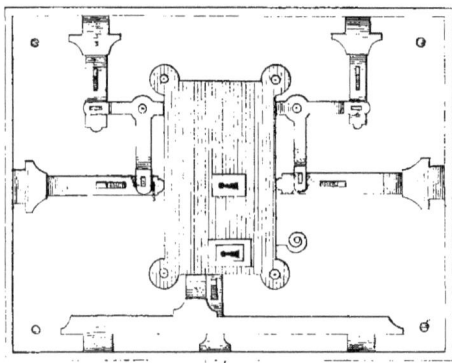

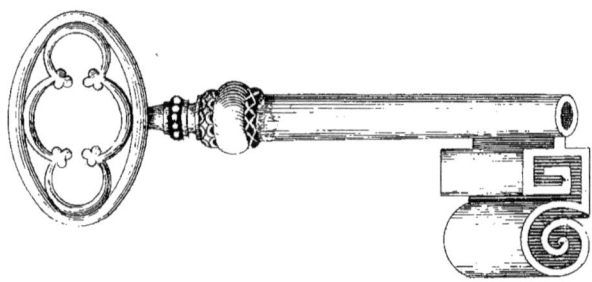

B Lavedan del

Ass⁻⁻⁻ d'ém⁻⁻ Imp. Guillaumin et Cⁱᵉ 148 Quai Valmy, Paris

Librairie Artistique de E. DEVIENNE et Cⁱᵉ Editeurs,

18 Rue Bonaparte, Paris

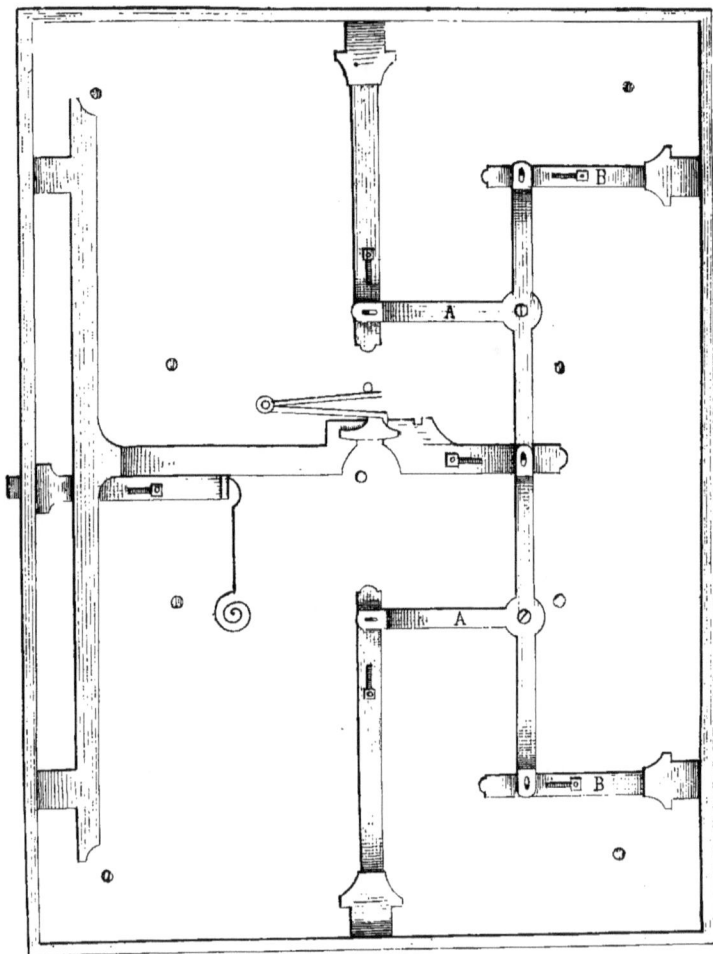

Librairie Artistique de E.DEVIENNE et Cⁱᵉ Editeurs .
18, Rue Bonaparte Paris

B. Lavedan del

Ass.ᵗᵉ géneᵉˡ. Imp. Guillemot et Cⁱᵉ 145, Quai Valmy, Paris

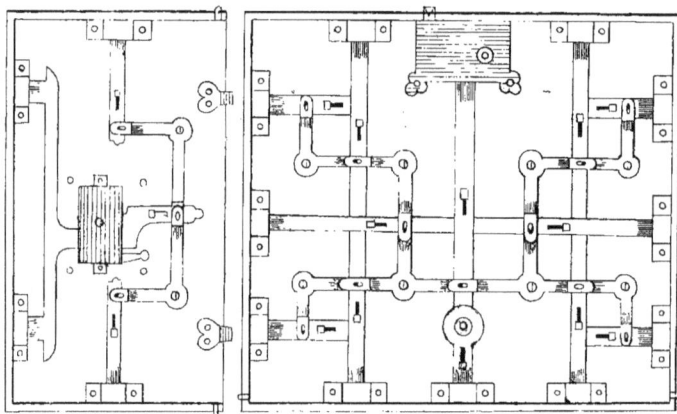

B. Lavedan del.

Ass^ᵗᵉ géné¹ᵉ lith. Gondouinon et Cⁱᵉ 189 ¿ᵘᵃⁱ Valmy Paris

Librairie Artistique de E. DEVIENNE et Cⁱᵉ Editeurs
18 Rue Bonaparte Paris

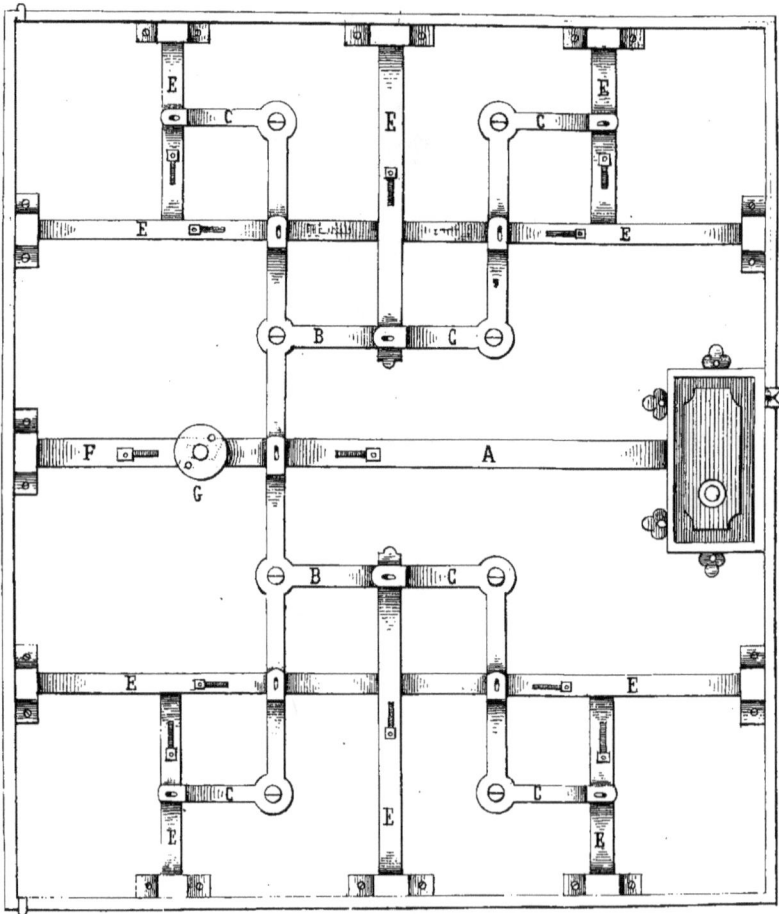

Librairie Artistique de E. DEVIENNE et Cⁱᵉ Éditeurs ,

18, Rue Bonaparte Paris

B. Lavedan del

Imp.ᵉᵉ d'art lith Gondowinni et Cᵐ 148 Quai Valmy.'

Librairie Artistique de E. DEVIENNE et Cᵉ Éditeurs
18, Rue Bonaparte, Paris.

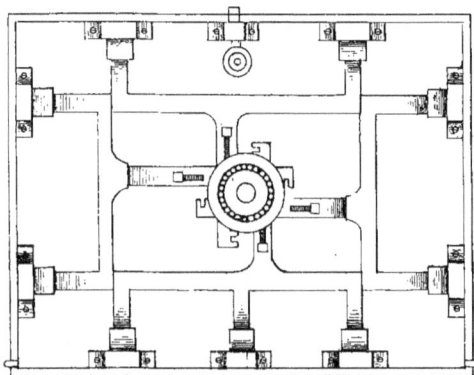

B Lavedan del

Assᵗⁿ d'our lith Guillaumin et Cⁱᵉ 149 Quai Valmy, Paris

Librairie Artistique de E. DEVIENNE et Cⁱᵉ, Éditeurs .

18 Rue Bonaparte Paris

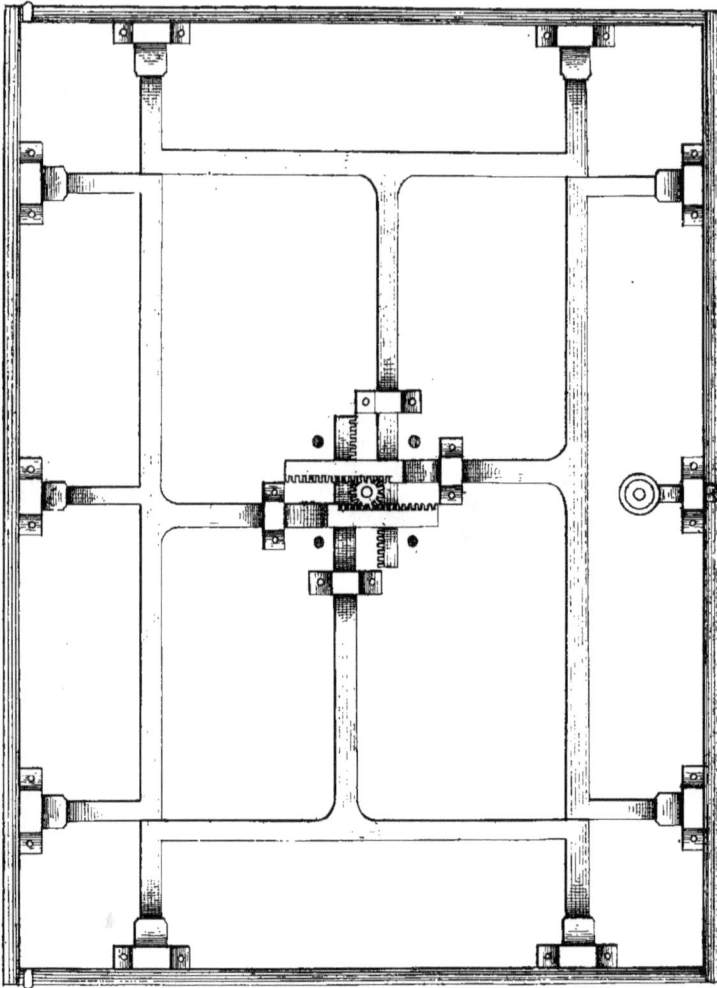

B. Lavedan del.

Ass^{on} d'ouv^{rs} lith Guillaumin et Cᵉ 149, Quai Valmy, Paris

Librairie Artistique de E. DEVIENNE et Cᵉ, Editeurs,
18, Rue Bonaparte, Paris

B Lavedan del

Assⁿ d'ouvⁿ Imh. Guillaumin et Cⁱᵉ 168 Quai Valmy, Paris

Librairie Artistique de E. DEVIENNE et Cⁱᵉ Éditeurs,

18, Rue Bonaparte Paris.

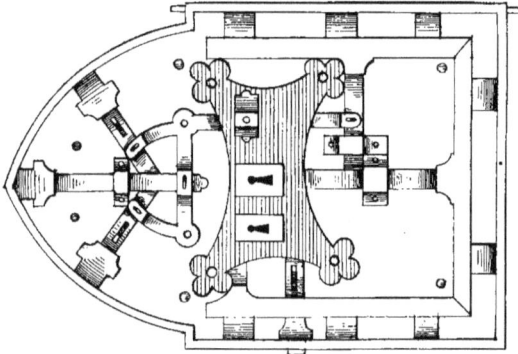

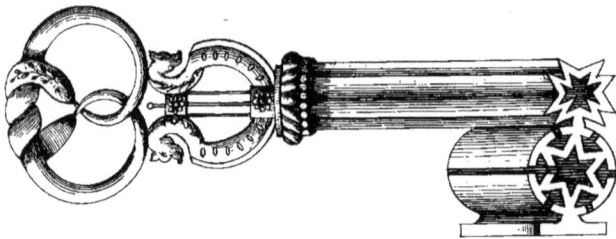

B. Lavedan del

Assᵗⁿ dʳᵐ lith Guillaumin et Cⁱᵉ 143, Quai Valmy, Paris

Librairie Artistique de E. DEVIENNE et Cⁱᵉ. Éditeurs,
18, Rue Bonaparte, Paris

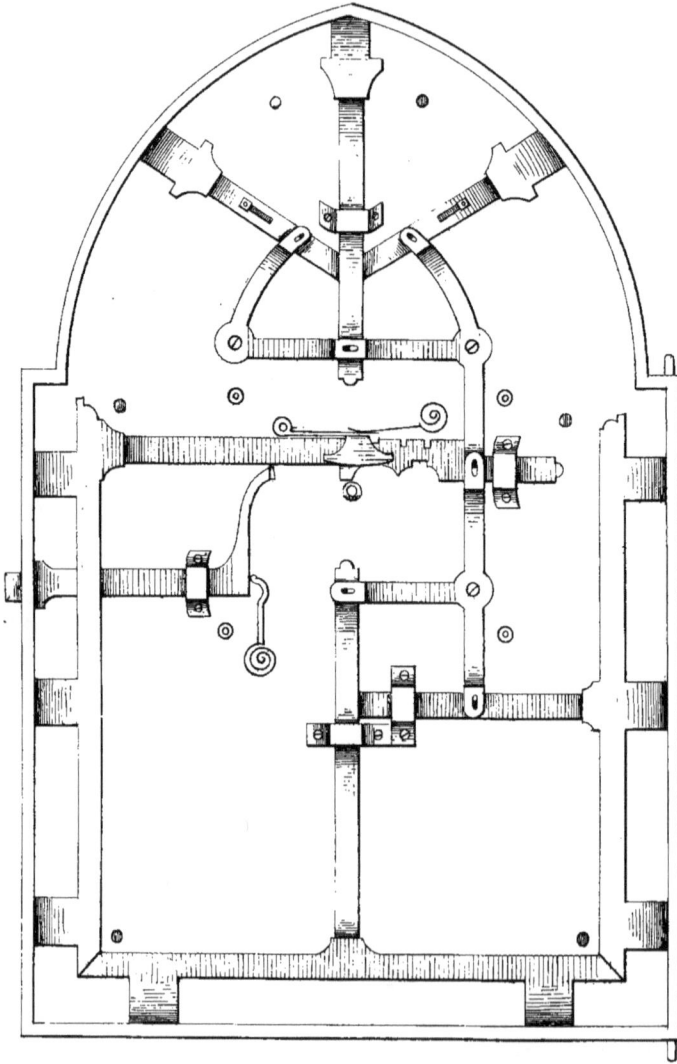

B. Lavedan. del

Assᵗᵉ éᵗᵘᵣᵐᵉ Imp. Guillaumin et Cⁱᵉ 163, Quai Valmy, Paris

Librairie Artistique de E. DEVIENNE et J. Editeurs
12, Rue Bonaparte, Paris

A

B. Lavedan del   Assⁿ d'ouvʳˢ lith Guillaumin et Cⁱᵉ 149 Quai Valmy, Paris

Librairie Artistique de E. DEVIENNE et Cⁱᵉ Éditeurs.
18, Rue Bonaparte Paris

B. Lavodan del.

Ass^(ion) lith Guillaumin et Cie 169, Quai Valmy, Paris

Librairie Artistique de E. DEVERNE et Cie Éditeurs
11 Rue Bonaparte Paris

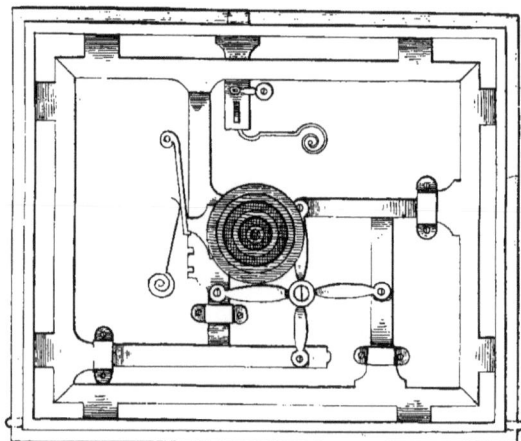

B Lavedan del

Ass⁽ᵗᵉ⁾ d'ouv⁽ʳˢ⁾ lith. Guillaumin et Cⁱᵉ 148, Quai Valmy, Paris

Librairie Artistique de E. DEVIERNE et Cⁱᵉ Éditeurs,

.. Rue Bonaparte Paris

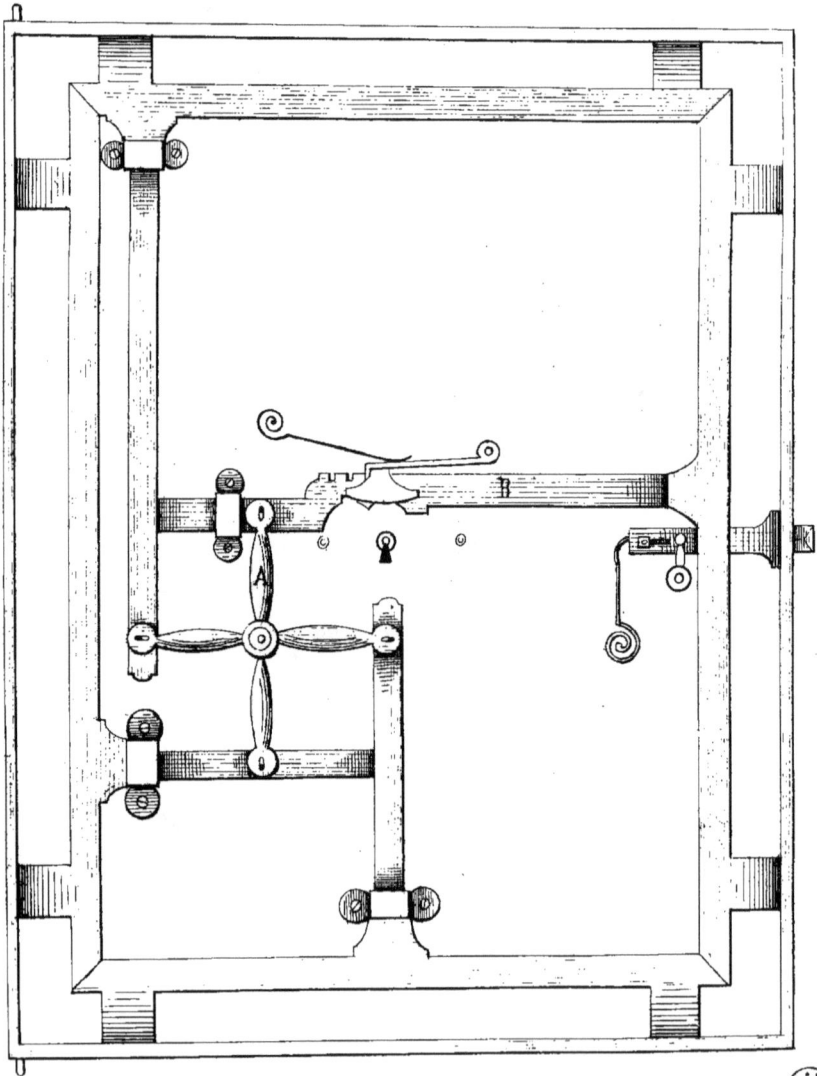

B Lavedan del.

Ass⁻ᵉᵈᵉⁿʳ¹ Imᵖ Guillaumᵒᵗ et Cⁱᵉ 14-3 Quai Valmy Paris

Librairie Artistique de E DÉVIENNE et Cⁱᵉ Éditeurs,
15 Rue Bonaparte Paris

A

Librairie Artistique de E. DEVIENNE et Cⁱᵉ Éditeurs

3 Rue Bonaparte Paris

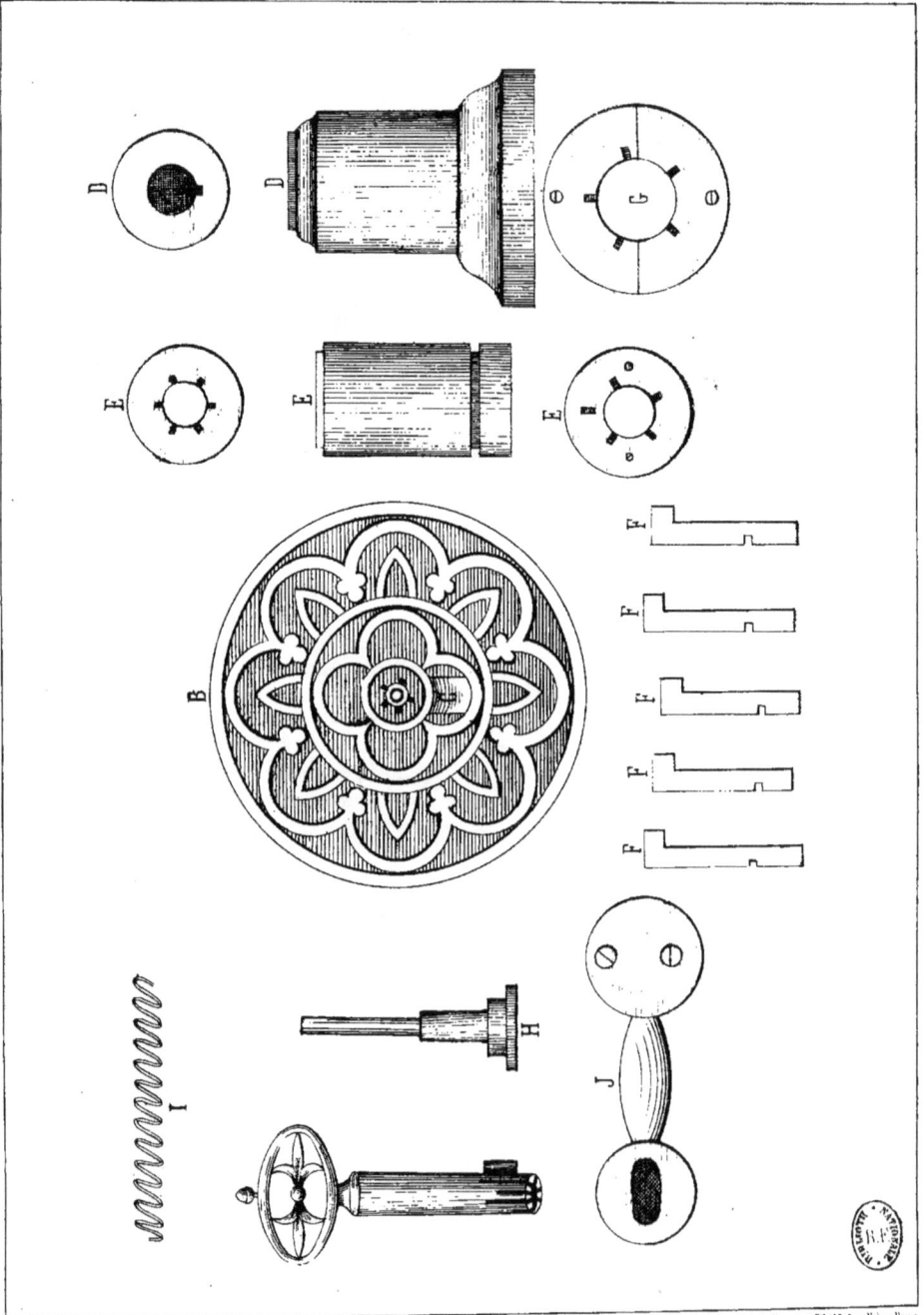

Assᵗⁿ éⁿgᵛⁿ lith Guillaumin et Cⁱᵉ 163 Quai Valmy, Paris

Librairie Artistique de E. DUGENNE et Cⁱᵉ Éditeurs,
18 Rue Bonaparte, Paris

Ass᪲d'im᪲ lith. Guillaumin et Cⁱᵉ 143, Quai Fanny, Paris.

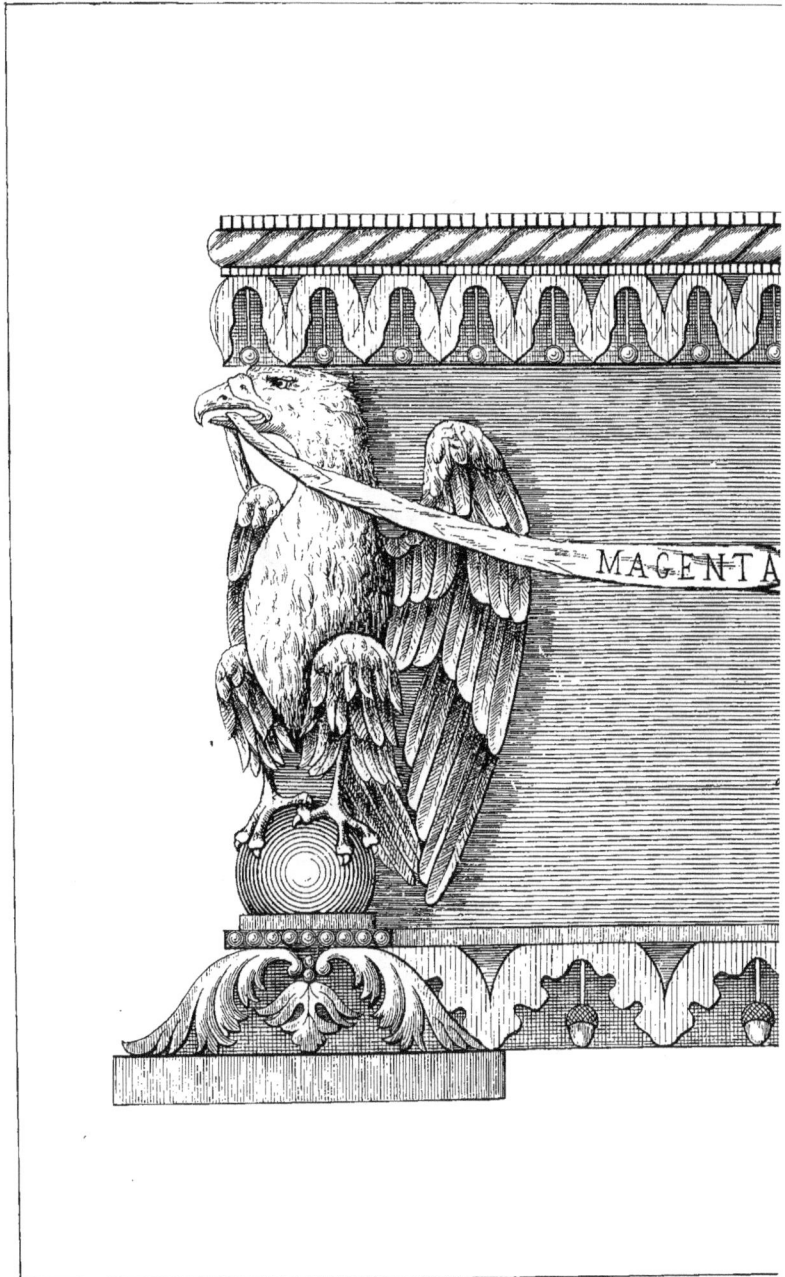

MAGENTA

B. Lavedan del

Librairie Artistique de E.DEVIENNE et Cⁱᵉ Éditeurs ,
18. Rue Bonaparte Paris

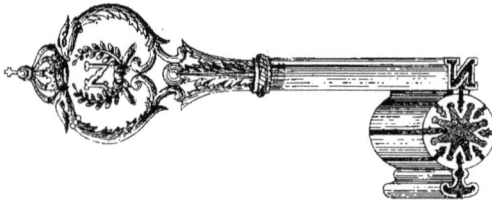

B. Lavedan del.

Librairie Artistique de E. DEVIENNE et Cⁱᵉ, Éditeurs,
18, Rue Bonaparte, Paris.

1ʳᵉ PARTIE · 2ᵉ PARTIE

Clefs,
Entrées, Serrures
Cache-Entrées,
Coffres-Forts,
et détails d'exécution.

Balcons de Croisées,
Grands Balcons,
Appuis de Communion,
Escaliers, Rampes, Détails
principes et outils spéciaux
du tracé.

Gri
d'Allé
de Clôtu
de Cim
Impe
Fe

FOURNISSEUR BREVETÉ

PARTIE ⟡ 5ᵉ PARTIE ⟡ 6ᵉ PARTIE

Monumentales,
aires, de Mission,
rtes de Tombeaux,
es, Paratonnerres,
ures de Cloches
de Beffroi

Lits, Meubles en fer,
Chiffres entrelacés, Porte-
enseignes, Marteaux de Porte,
Tourne-Broches, Stores
et principe de la pose
des Sonnettes

Marquises
Combles, Serres, Ponts,
Charpentes, Chaires,
Lutrins et divers détails de
Travaux genre Renaissance
et Moyen âge

DE S. M. L'IMPÉRATRICE.

Ass^té décor^t. imp. Guillaumin et Cⁱᵉ 145 Quai Valmy Paris

B. Lavedan del.

TIE.

Imp. Gervais Laurent et C.ie 166, rue Vieille du Temple Paris

B. Lavedan del

Ass^{on} ann^{me} Imp Guillaumot et Cie 149 Quai Valmy, Paris

Librairie Artistique de E. DEVIENNE et Cie Éditeurs.
16 Rue Bonaparte, Paris

B Lavedan del

Ass.ⁿ d'ouv.ʳˢ Imp Guilleumin et Cⁱᵉ 148 quai Valmy Paris

Librairie Artistique de E DEVIENNE et Cⁱᵉ Éditeurs .
16 Rue Bonaparte Paris

Librairie Artistique de F. REVIENNE et Cᵉ Editeurs

11 Rue Bonaparte Paris

B. Lavedan del

Ass^{ion} d'com^{tn} Lith Guillaumot et Cⁱᵉ 149 Quai Valmy Paris

Librairie Artistique de E. DeVIERNE et Cⁱᵉ Éditeurs,
18 Rue Bonaparte Paris

P. Levodé, del.

Imp. Lith. p. Monrocq et C.ᵉ 145 q. Valmy, Paris

Librairie centrale de A. MORERE et T. Pantier
Paris Boulevard S. Germain

B. Laveran del.

Ass⁼⁼⁼⁼ᵗ Int. Ge. ꜰunnime Cⁱ 143 ꜰuai Valmy Paris

B. Lavedan del

Librairie Artistique de E. DEVIENNE et Cⁱᵉ Éditeurs
10, Rue Bonaparte Paris

B Lavedan del

Ass⁽ᵉ⁾d'en⁽ᵗ⁾ lih Guillaumin et Cⁱᵉ 149 Quai Valmy Paris

Librairie Artistique de E.DEVIERNE et Cⁱᵉ Éditeurs,
18, Rue Bonaparte. Paris

B Lavedan del

Ass⁰⁰ d'ouv⁰ʳ Imh Guillaumin et Cⁱᵉ 149, Quai Valmy, Paris

Librairie Artistique de E DeVIENNE et Cⁱᵉ. Éditeurs,
18 Rue Bonaparte, Paris

E. Lavedan del

Assⁿ d'ouvⁿ lith. Guillaumin et Cⁱᵉ 145, Quai Valmy, Paris.

Librairie Artistique de F. DEVIERNE et Cⁱᵉ Éditeurs
16 Rue Bonaparte, Paris

B Lavedan del

Ass.ᵗᵉ 4000ᵐᵐ Imp Guillaumm et Cⁱᵉ 143 (quai Valmy, Paris

Librairie Artistique de F. DAVIENNE et Cⁱᵉ Éditeurs,
16 Rue Bonaparte Paris

R. Lsvedan del.

Assᵗⁿ ᵍᵉⁿˡᵉ Lith. Rue Mauberge et Cⁱᵉ 149 Quai Valmy, Paris

B. Lavedan del.

Ass⁺ⁱᵒⁿ⁺ ... Geillavon et Cⁱᵉ 143. Quai Valmy. Paris.

Librairie Artistique de E. DEVERNE et Cⁱᵉ Éditeurs
15 Rue Bonaparte Paris

B Lavedan del

Assᵗ⁵ dᵉᵐⁱᵗ Imp Guillaumin et Cⁱᵉ 149 Quai Valmy, Paris

Librairie Artistique de E. DEVIENNE et Cⁱᵉ Éditeurs.
18. Rue Bonaparte Paris

B Lavedan del

Ass⁰ᵗᵗ⁰ⁿ ... ...

Librairie Artistique de E. DEVIERNE et Cⁱᵉ Éditeurs

15 Rue Bonaparte Paris

B. Lavedan del

Ass.ᵗᵉ éᵉⁿⁱ Imp Gérolamini et Cⁱᵉ 145 Quai Valmy, Paris

Librairie Artistique de E. DeVIENNE et Cⁱᵉ Éditeurs
15 Rue Bonaparte Paris

B Lavedan del

Imp. Lemercier et Cie 143 Quai Voltaire Paris

Librairie Artistique de E. DEVIERNE et Cie Rd.teurs

15, Rue Bonaparte, Paris

B Lavedan del

Assⁿ géⁿᵛ Imp Gonlacum et Cⁱᵉ 148 Quai Valmy Paris

Librairie Artistique de L DONNERAY et Cⁱᵉ Successᵉ
12 Rue Bonaparte Paris

GUIDE PRATIQUE

DE

SERRURERIE USUELLE ET ARTISTIQUE.

B. Lavedan del

Ass^on gén^le Imp. Guillaumin et Cie 148 Quai Voltaire Paris

Librairie Artistique de E. DEVIERNE et Cie Éditeurs
55 Rue Bonaparte Paris

B Lavedan del

Ass⁺ᵗétᵐᵗ lith Guillaumin et Cⁱᵉ 148 Quai Valmy Paris

Librairie Artistique de E.DEVIENNE et Cⁱᵉ Editeurs,
15 Rue Bonaparte, Paris

B Lavedan del

Ass⁰ⁿ d'cᵒᵛ⁰ Joh Guillaumm et Cⁱᵉ 149 Quai Valmy Paris

Librairie Artistique de E.DEVIENNE et Cⁱᵉ, Éditeurs ,
18, Rue Bonaparte, Paris

B. Lavedan del

Librairie Artistique de E. DEVIENNE et Cⁱᵉ, Éditeurs,

18, Rue Bonaparte, Paris.

GUIDE PRATIQUE

DE

SERRURERIE USUELLE ET ARTISTIQUE.

B. Lavedan del.   Ass.ᵗᵉⁿ... lith. Gondouin et C.ᵉ 148 Quai Valmy Paris

Librairie Artistique de E. DEVIENNE et C.ᵉˢ Éditeurs,
15 Rue Bonaparte Paris

P. Lavedan, del.

Ass⁺ d'auv⁺⁺ Jon Gendarmon et Cⁱᵉ 149, Quai Valmy, Paris

Librairie Artistique de B. BANCE éditeur Editeur
13, Rue Bonaparte, Paris.

B. Lavedan del

Ass⁺ᵈᵒᵘˢⁱˢ Jre Guillaumin et Cⁱᵉ 142 Quai Valmy, Paris

B. Laveda : del.

Librairie Artistique de E. DEVAMBEZ et Cⁱᵉ, Paris.
12 bis, rue Bonaparte, Paris.

B. Lavedan del

Assᵗⁿ dᵉᵉⁿ lïᵗⁿ Guillaumin et Cⁱᵉ 149 Quai Valmy, Paris

Librairie Artistique de E. DEVIENNE et Cⁱᵉ. Éditeurs.
18, Rue Bonaparte. Paris

B Lavedan del

Ass⁻ᵈᵇⁿ⁻ lith Guillaume et Cⁱᵉ 143 Quai Valmy, Paris

Librairie Artistique de E DEVIENNE et Cⁱᵉ Éditeurs.

18, Rue Bonaparte, Paris

B. Lavedan del.

Assᵗᵉᵐᵉⁿᵗ lith Guilaumot et Cⁱᵉ 143, Quai Valmy, Paris

Librairie Artistique de E. DEVIENNE et Cⁱᵉ Éditeurs,
18 Rue Bonaparte, Paris

B. Lavedan del

Ax.ᵗᵉ dauv⁰ Imp Gouteuon et Cⁱᵉ 145 Quai Valmy Paris

Librairie Artistique de E. DEVIENNE et Cⁱᵉ Éditeurs,
18, Rue Bonaparte Paris

B. Lavedan del.

Aes "d'art" Imp. Guillaumin et Cⁱᵉ 145 Quai Valmy. Paris

Librairie Artistique de E. DEVIENNE et Cⁱᵉ, Éditeurs,
16 Rue Bonaparte Paris

F. A.

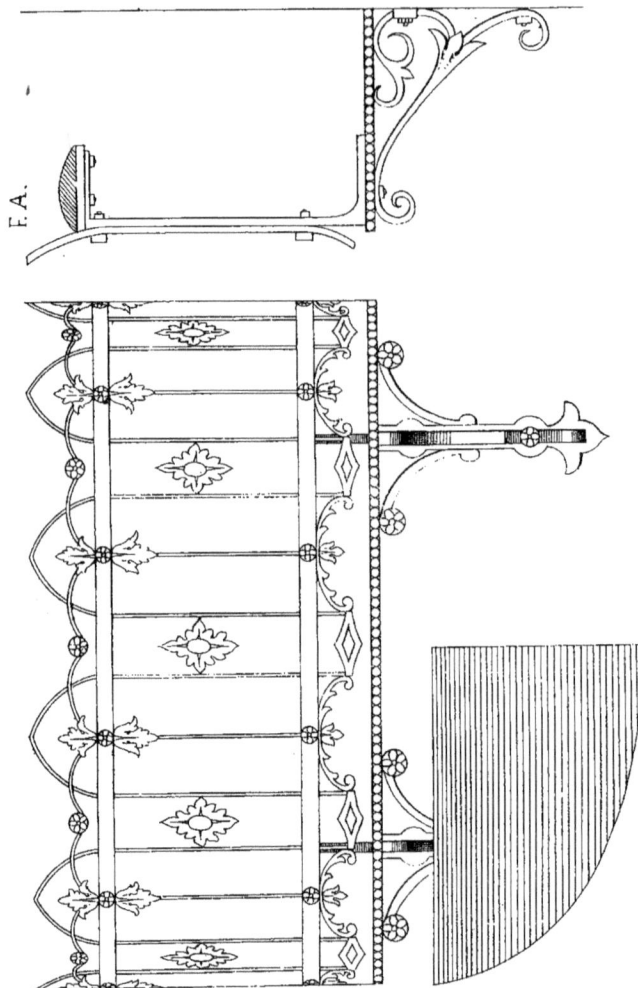

Librairie Artistique de E DAVIENNE et Cⁱᵉ Éditeurs.
18, Rue Bonaparte Paris.

Librairie Artistique de E. DEVIENNE et Cᵉ Éditeurs.
18 Rue Bonaparte Paris.

B Lavedan del

Ass⁵⁽ⁿ d'ouv⁻ʳˢ lith Guillaumin et Cⁱᵉ 149 Quai Valmy, Paris

Librairie Artistique de E.DEVIENNE et Cⁱᵉ Editeurs,
18 Rue Bonaparte Paris

B Lavedan del

Assⁿᵈᵉ᷄ Lith Guillaumot et Cⁱᵉ 148 Quai Valmy. Paris

Librairie Artistique de M. DEVIENNE et Cⁱᵉ Editeurs

16 Rue Bonaparte. Paris

Libr. ... Imp.ᵉ de E. DAVIERNE et Cⁱᵉ Éditeurs,
... 11. Bonaparte Paris

B. Lavedan del.

Ass.¹ gen.ᵗ¹ ... Gon.tauinne et Cⁱᵉ 149 Quai Valmy, Paris

Librairie Artistique de E. DEVIERNE et Cⁱᵉ Editeurs
13 Rue Bonaparte Paris

B. Lavedan, del.

Ass. dess. lith. Gouveau, n. 4 Pl. 149, Quai Valmy, Paris

B. Lavodan del.

Ass**d*ur** Jor. Goulaumin et Cⁱᵉ 143 Quai Valmy Paris

Imprimerie Artistq. de E.VAVANNE et Cⁱᵉ Associés
Le Roi Lithographe.

P. Lavedan del.

Ass^tion^ gen^le^ Imp. Guillaumot et Cie 143 Quai Valmy Paris

Librairie Artistique de A. DEVIENNE et Cie Successeurs
9 Rue Bonaparte Paris.

B. Lavedan del

Ass⁽ᵗⁱᵒⁿ⁾ gén¹ᵉ des Graveurs et Cⁱᵉ 145 quai Valmy Paris

Librairie Artistique de E. DEVIENNE et Cⁱᵉ Éditeurs

18 Rue Bonaparte Paris

Ass⁺ᵈᵉᶜⁿ. lith Gouiaumm et Cⁱᵉ 145 Quai Valmy Paris

Librairie Artistique de H. DELZENNE et Mᵐᵉ Souiaures

18 Rue Bonaparte Paris

B. Lavallée del.

Imprimerie Lemercier et Cie, 145, Quai Valmy, Paris

Librairie Artistique de E. DEZIERNE et Cie, Paris.
Rue Bonaparte, Paris

B. Lavoda del.

Ass⁽ⁿ⁾ d'ouv⁺ᵉ Lit. Gonssaumm et Cᵉ 148 Quai Valmy, Paris

Librairie Artistique de F. DeVERNE et J. Mcveron
50 Rue Bonaparte, Paris.

Ass̃ᵈᵉᵃᵘ̃ ⁱⁿ⁻ Guillaumin et Cᵉ 149 Quai Valmy, Paris

Librairie Artistique de B. BANCE et Cᵉ Éditeurs
13 Rue Bonaparte Paris

B. Lavedan del

Ass⁺⁺ᵈᵘᵛ⁺⁺ lith Guillaume et Cⁱᵉ 149 Quai Voltmy, Paris.

Librairie Artistique de E. DEVIENNE et Cⁱᵉ, Éditeurs,
18, Rue Bonaparte Paris.

Assⁿ géⁿˡᵉ lith Guillaumin et Cⁱᵉ 149 Quai Valmy, Paris

B. Lavedan del

Ass⁺ dem' imp Gentauuon et Cⁱᵉ 14⁵ Quai Valmy Paris

Librairie Artistique de E. DEVIENNE et Cⁱᵉ. Éditeurs

18 Rue Bonaparte. Paris

B. Lavedan del

Ass.⁽ᵈᵉˢ⁾ Imp. Guillaumin et Cⁱᵉ 145 Quai Valmy Paris

Librairie Artistique de E. DEVIERNE et Cⁱᵉ Éditeurs.
15 Rue Bonaparte, Paris.

B Lavedan del

Ass⁺⁺ d'aux¹ⁱ lith Guillaumin et Cⁱᵉ 149 Quai Valmy, Paris

Librairie Artistique de E. DEVIENNE et Cⁱᵉ Éditeurs,
19 Rue Bonaparte Paris

B. Lavedan del

Librairie Artistique de E. DEVILLARD et Cⁱᵉ éditeur
18 Rue Bonaparte Paris

Librairie Artistique de E DEVERNE et Cⁱᵉ, Éditeurs
12 Rue Bonaparte Paris

B. Lavedan del

Ass.ᵗᵈᵉᵘ.ᵗ lith Guillaumin et Cⁱᵉ 149, Quai Valmy Paris

oraitie Artistique de E. DEVIENNE et Cⁱᵉ. Editeurs.

18, Rue Bonaparte. Paris

B. Lavedan del

Ass¹ᵗᵈᵉᵘˣ¹ᵗᵗ Lith Guillaumin et Cⁱᵉ 149 Quai Valmy Paris

Librairie Artistique de E. DEVIENNE et Cⁱᵉ Éditeurs
18 Rue Bonaparte Paris

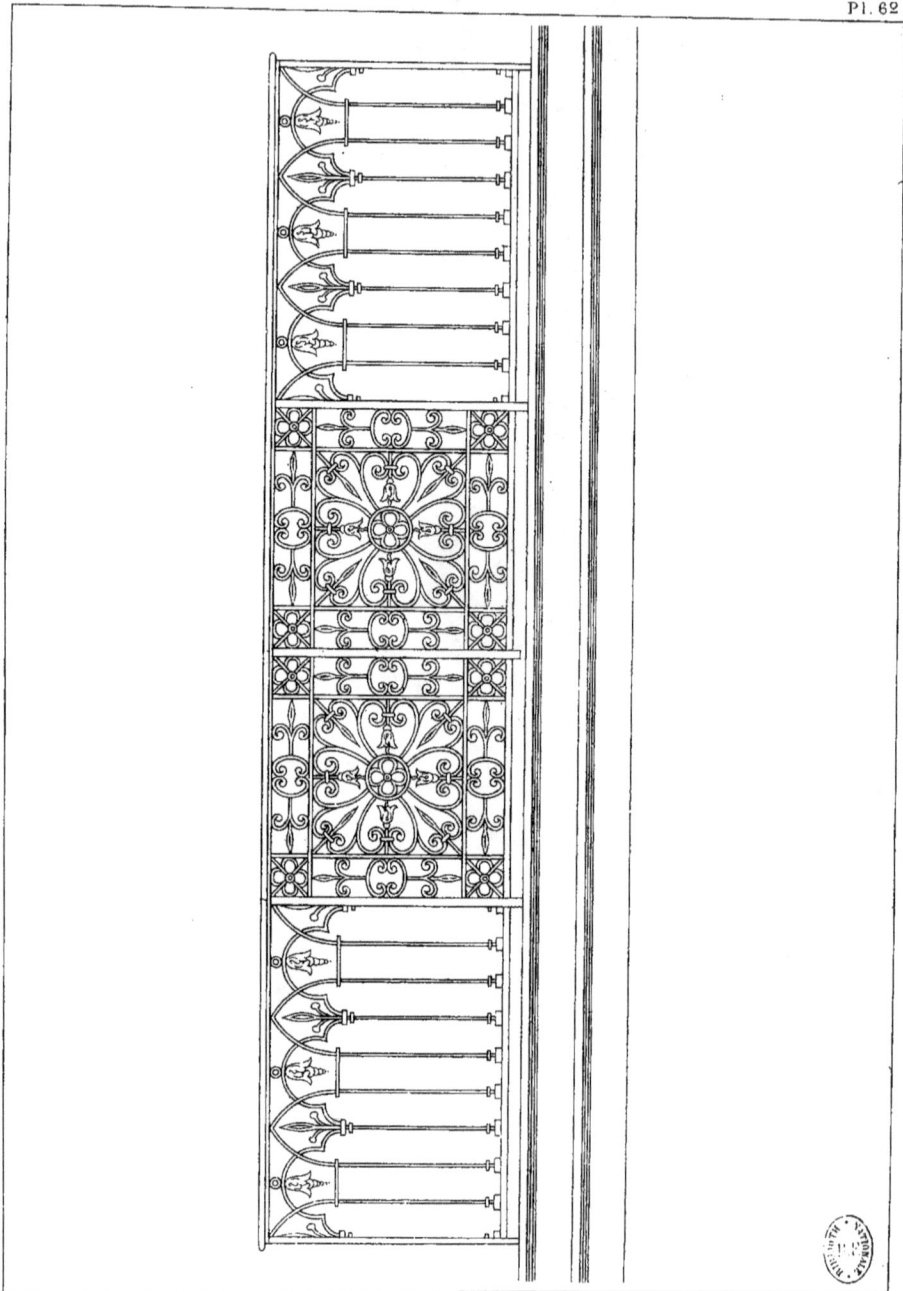

P. Lavedan del.

Ass^ion^le des Guillaume et Cie 145. Quai Voltaire Paris

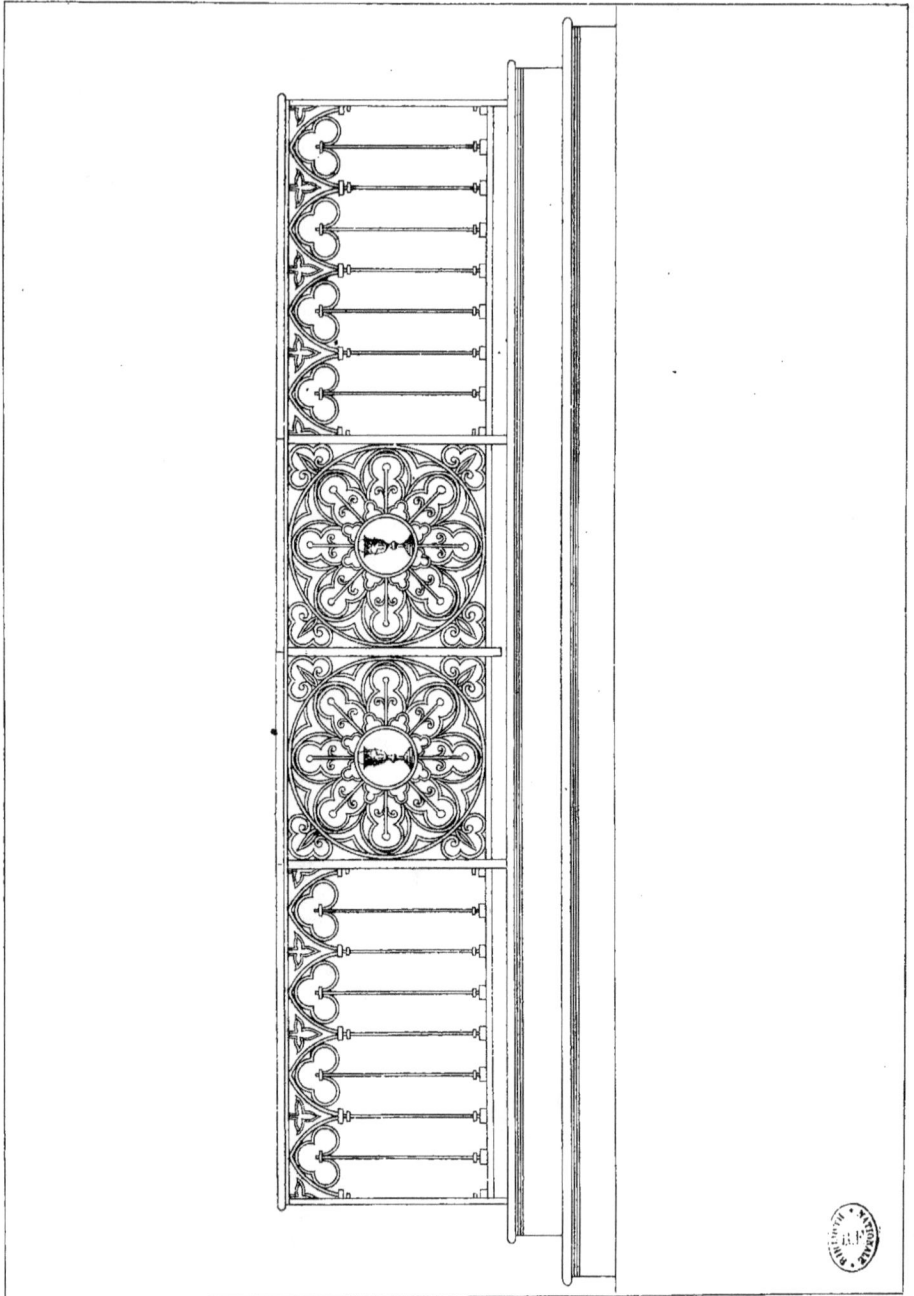

B. Laverdan del.

Ass.ᵗᵈ..ᵐ lit. Gerlaunn et C.ᵉ 142 Quai Valmy Paris

Librairie Artistique de F. CHVIENNE et C.ᵉ éditeurs
36 Rue Bonaparte Paris

B Lavodan del

Asse du fig. Guillaumin et Cᵐ 149 Quai Valmy Paris

Librairie Artistique de F. DEVIENNE et Cᵗ Editeurs
15 Rue Bonaparte Paris

B. Lavedan del

Ass⁺ᵈ'ouv⁺ⁱ lith. Guillaumin et Cⁱᵉ 143. Quai Valmy Paris

Librairie Artistique de E. DEVIENNE et Cⁱᵉ. Éditeurs .

18. Rue Bonaparte Paris

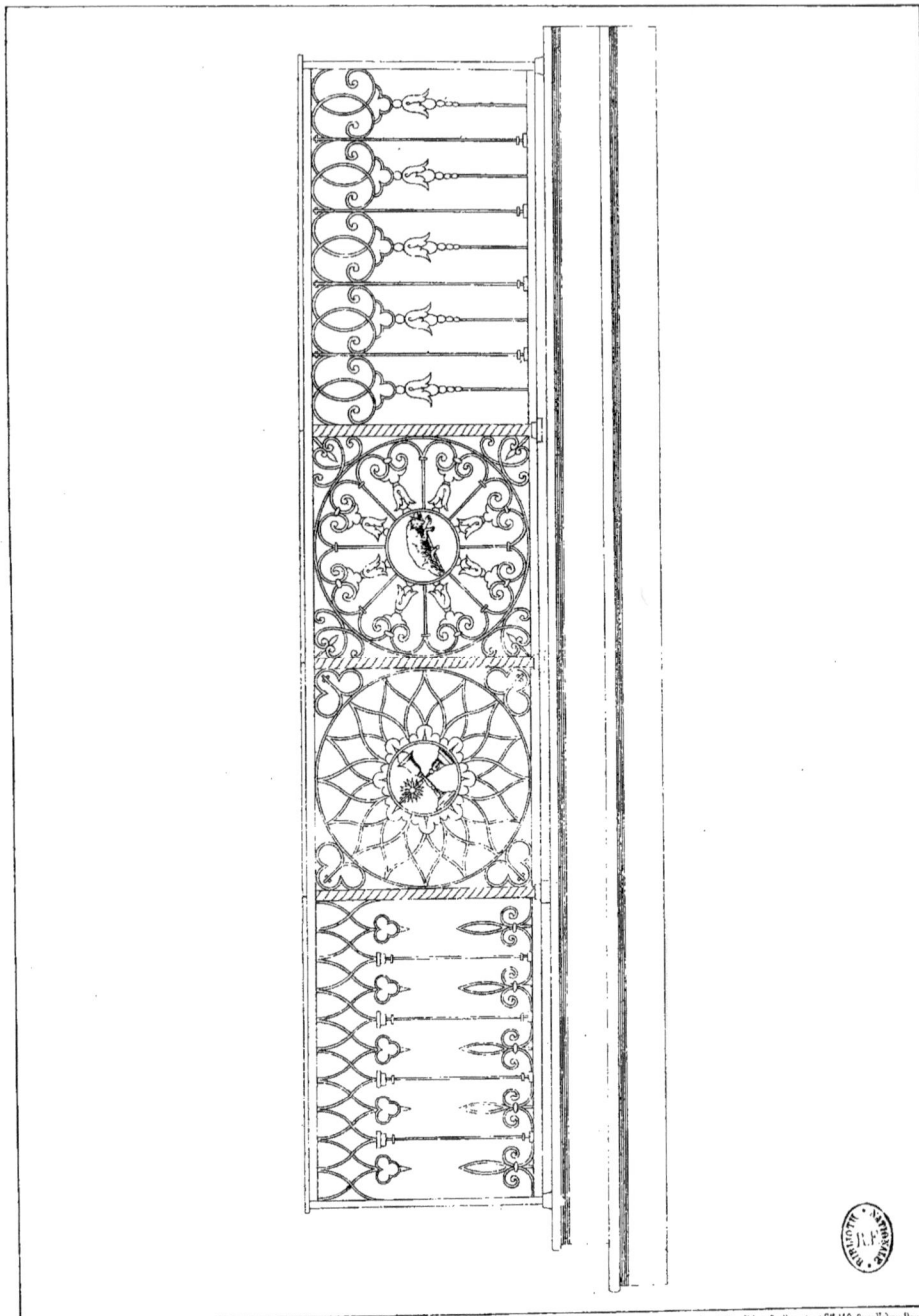

B. Lavedan del

Assᵗⁿ d'ouvʳˢ lith Ouillaumin et Cⁱᵉ 149, Quai Valmy, Paris

Librairie Artistique de E DEVIENNE et Cⁱᵉ Éditeurs
18, Rue Bonaparte Paris

B Lavedan del

Assⁿ d'ouvʳⁱ Lith Guillaumin et Cⁱᵉ 143. Quai Valmy, Paris

Librairie Artistique de E DEVIENNE et Cⁱᵉ Éditeurs .

18 Rue Bonaparte, Paris

B Lavedan del

Ass.ᵗᵈⁱᵒⁿ lith Guillaumin et Cⁱᵉ 143 Quai Valmy, Paris

Librairie Artistique de E. DEVIENNE et Cⁱᵉ Éditeurs.
18 Rue Bonaparte, Paris

Librairie Artistique de F. DUCHER et Cⁱᵉ éditeurs
rue Bonaparte Paris

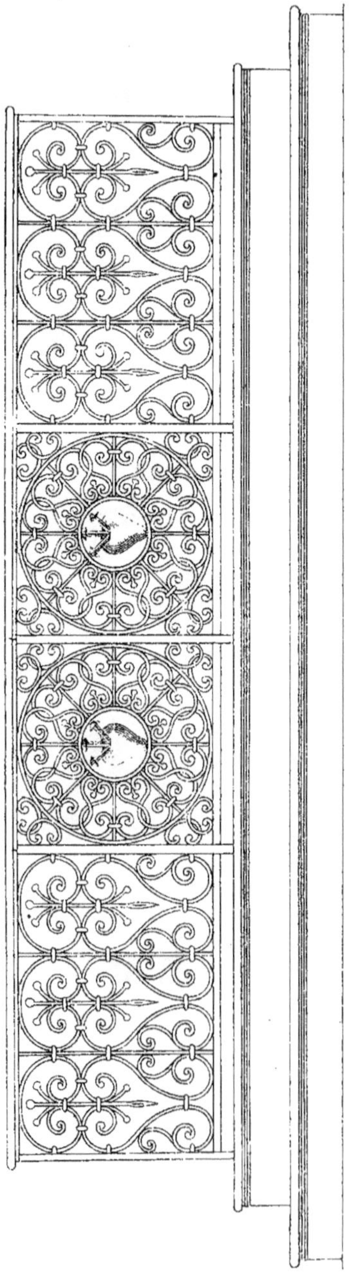

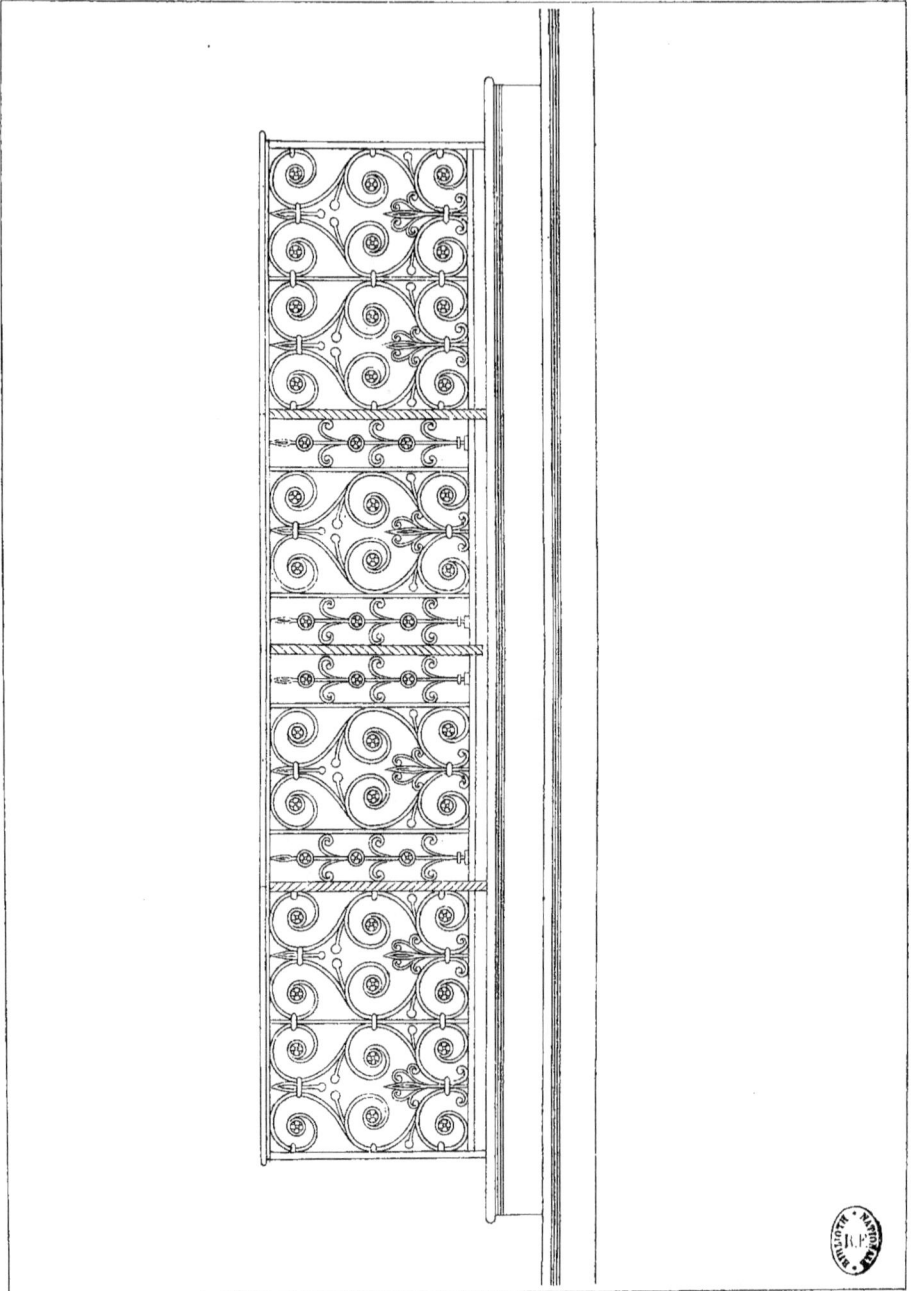

E. Lavedan del

Imp. Gauthier Villars et Cⁱᵉ, 148 Quai Valmy, Paris.

Librairie Artistique de J. DEVIERNE et Cⁱᵉ Éditeurs,
13 Rue Bonaparte Paris

Librairie Artistique de P. DAUDENAY — Paris.

Librairie A...

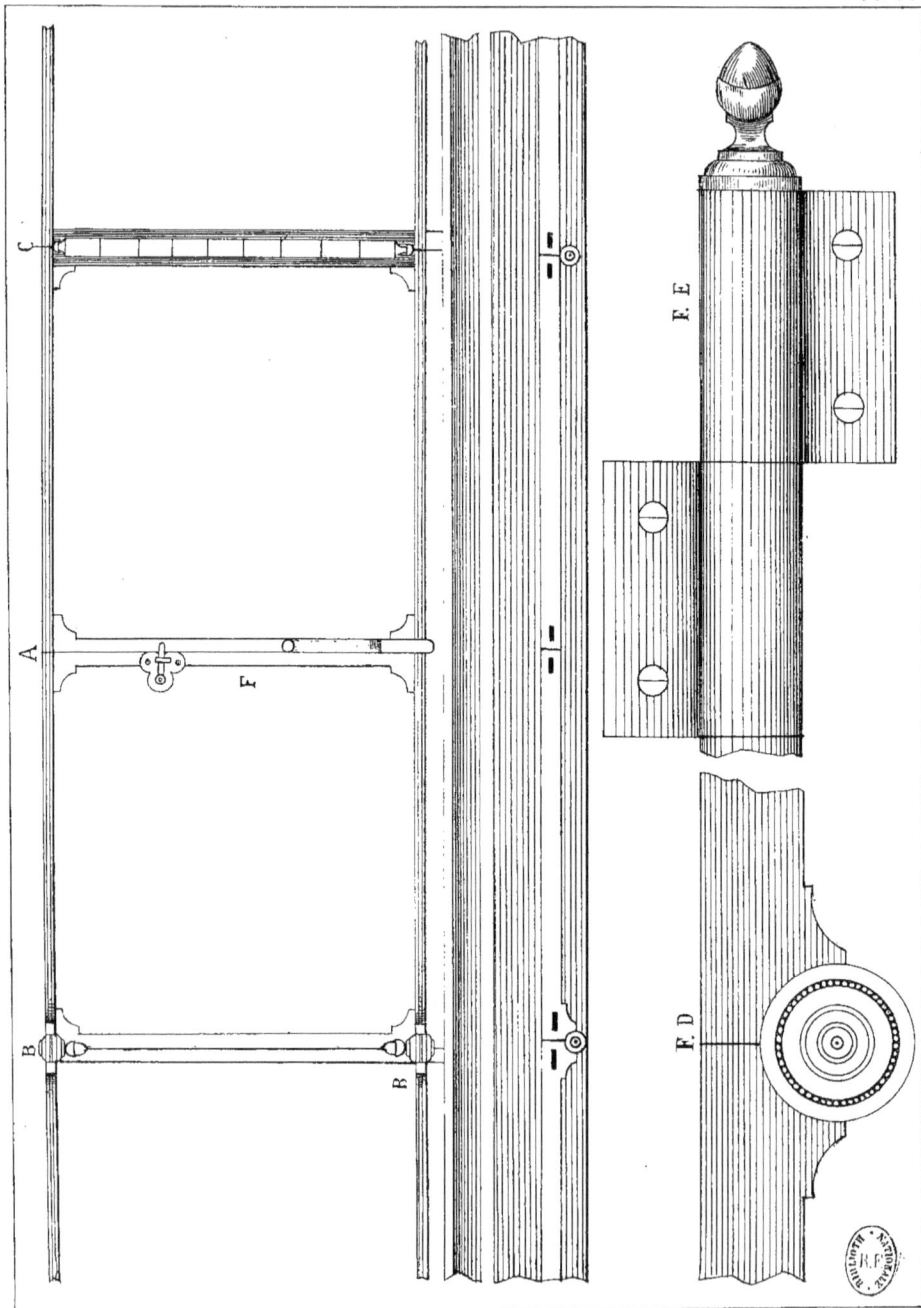

Assⁿ ᵈˢᵐⁿ lith Goulaumm et Cⁱᵉ 149 quai Valmy. Paris

B. Lavedan del.

Librairie Artistique de E. LEVIENNE et Cⁱᵉ Éditeurs
Rue Bonaparte Paris

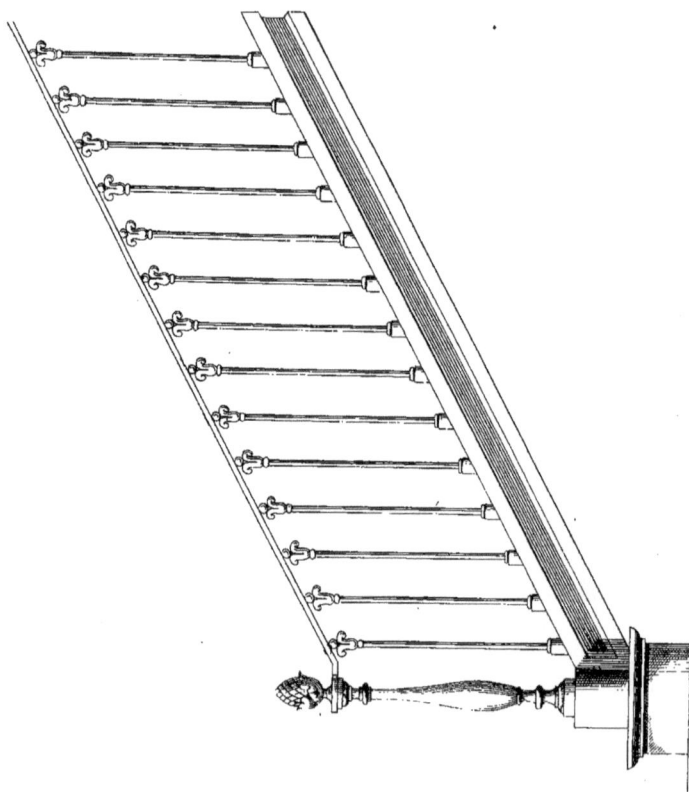

B Lavedan del

Ass⁺ᵗéᵉᵒᵛⁿ lit. Guillaume et Cⁱᵉ 148, Quai Valmy, Paris

Librairie Artistique de E. DEVIENNE et Cⁱᵉ. Éditeurs

18 Rue Bonaparte Paris

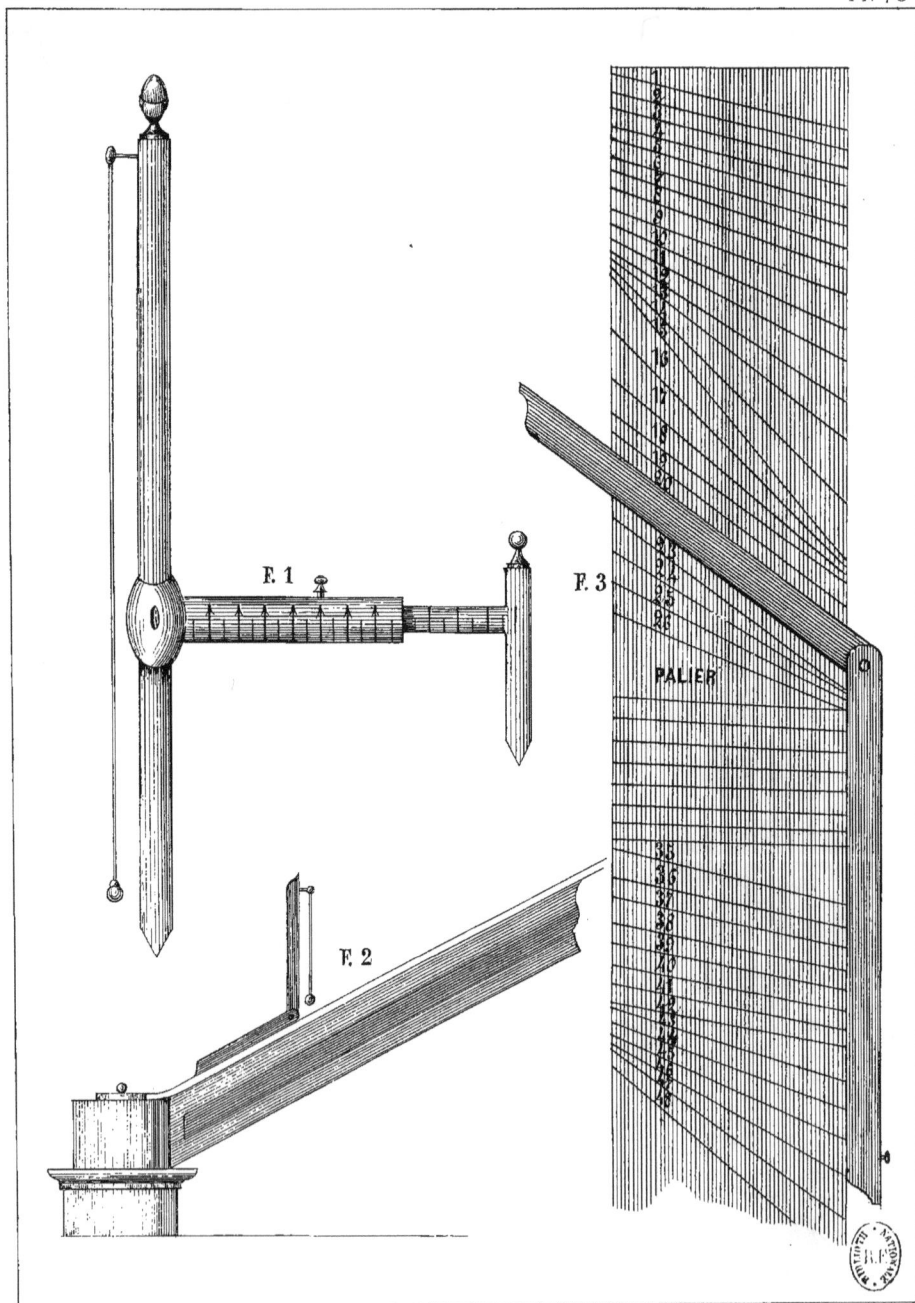

F. 1

F. 2

F. 3

PALIER

B Lavedan del.

Assⁿ d'ouvʳˢ lith Guillaumin et Cⁱᵉ 148 Quai Valmy. Paris

Librairie Artistique de E.DEVIENNE et Cⁱᵉ Éditeurs.
18 Rue Bonaparte Paris

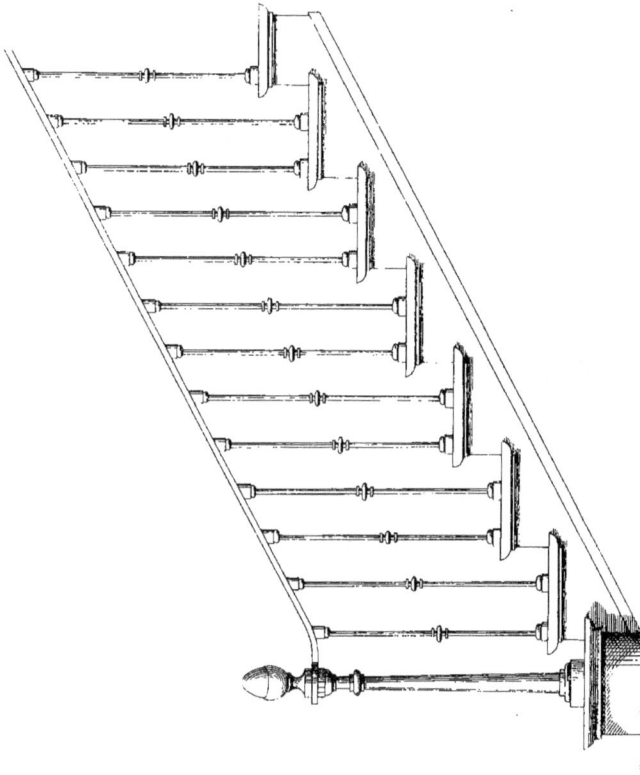

B. Lavedan del

Ass'' gén'' lith Guillaumin et Cⁱᵉ 148 quai Valmy. Paris

Librairie Artistique de E. DEVIENNE et Cⁱᵉ Éditeurs

3 Rue Bonaparte Paris

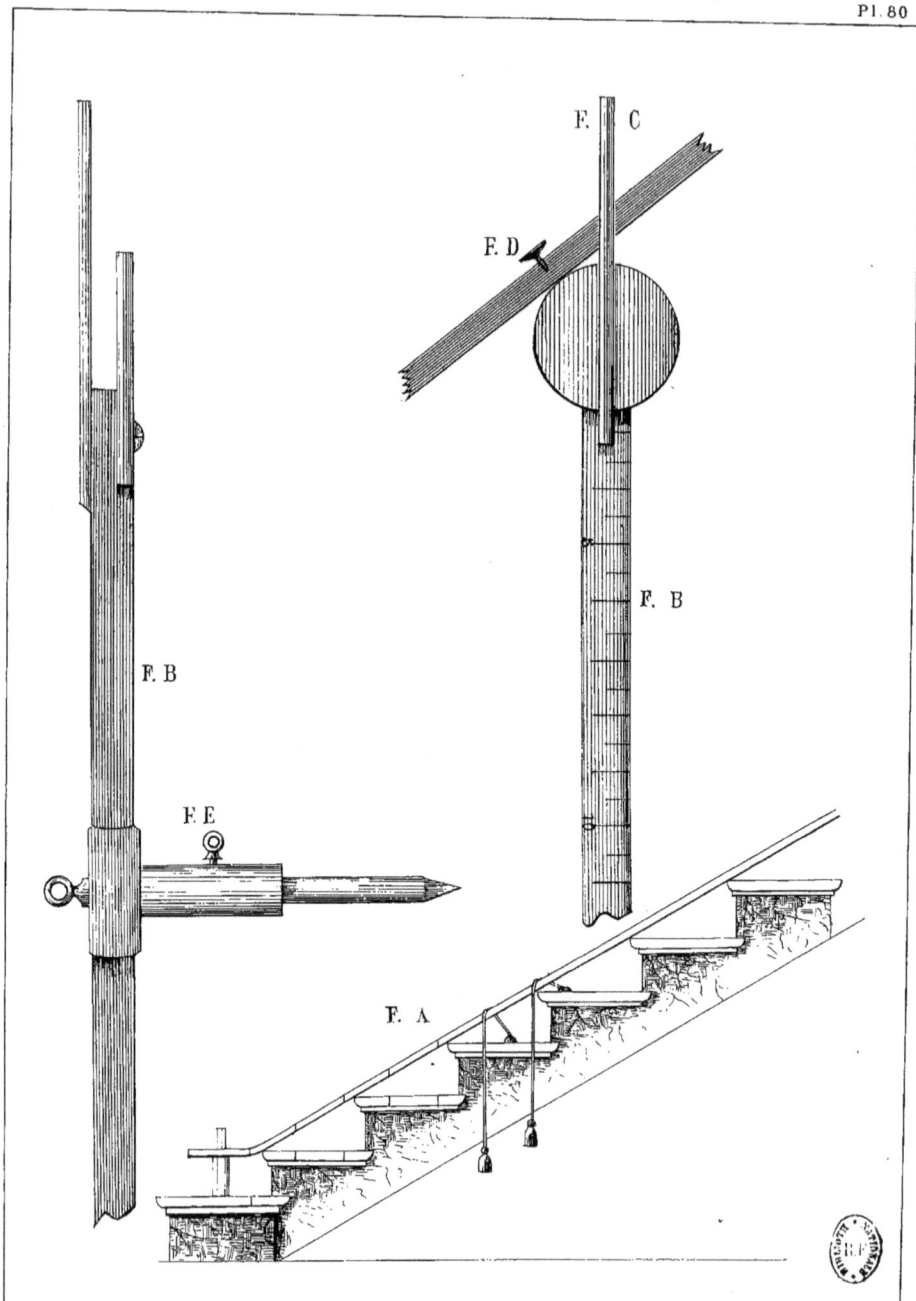

F. C

F. D

F. B

F. B

F. E

F. A

B Lavedan del

Ass⁻ⁿ d'bⁿᵛⁿ lith Guillaumin et Cᵉ 149, Quai Valmy, Paris

Librairie Artistique de E. DEVIENNE et Cⁱᵉ Éditeurs,

18, Rue Bonaparte, Paris

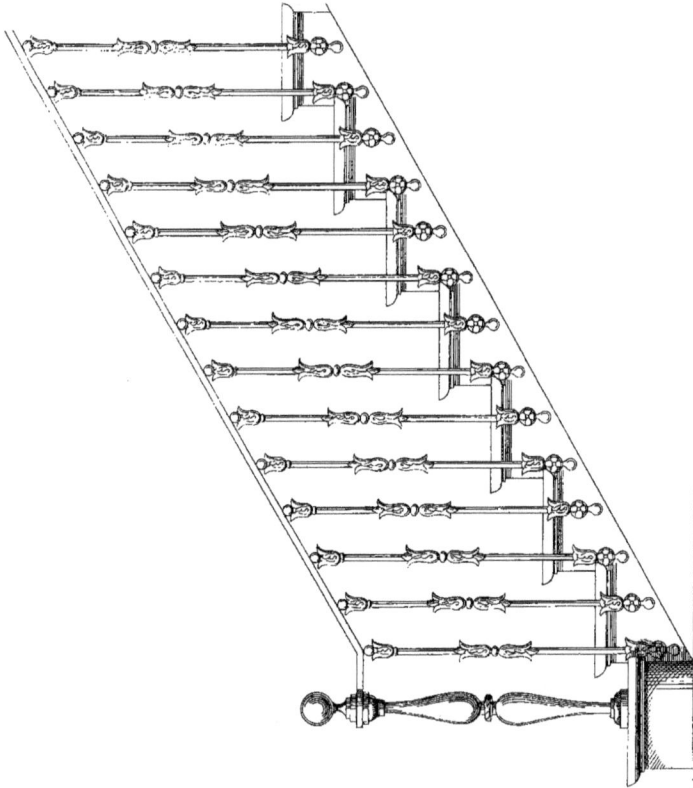

P. Lavedan, del.

Ass¹ᵉ dem⁵ lith. Gonzauarm et Cⁱᵉ 146 Quai Valmy, Paris

Librairie Arnulf, ★ de B. DEVIENNE et Lⁱᵉ Fourneur
12 Rue Bonaparte Paris

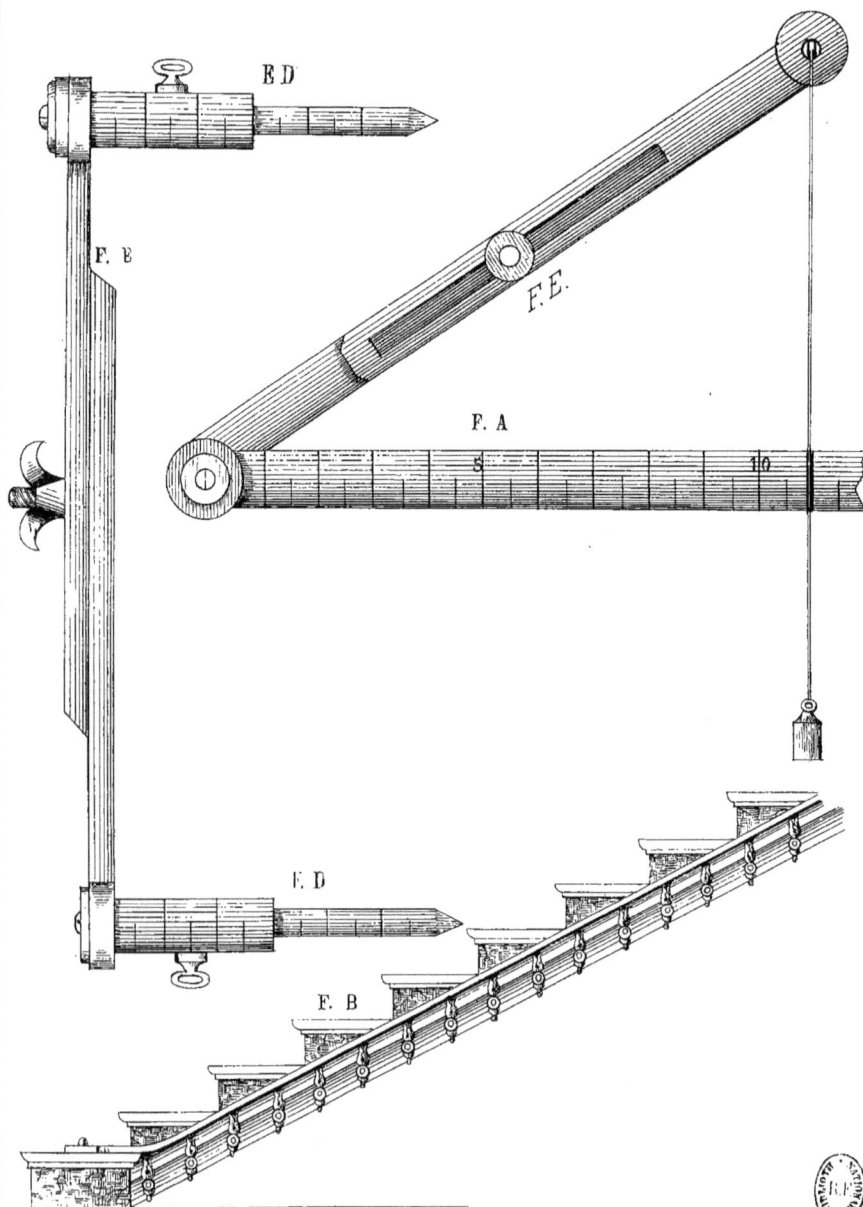

F.D

F. E

F. A

F. E.

8

10

F. D

F. B

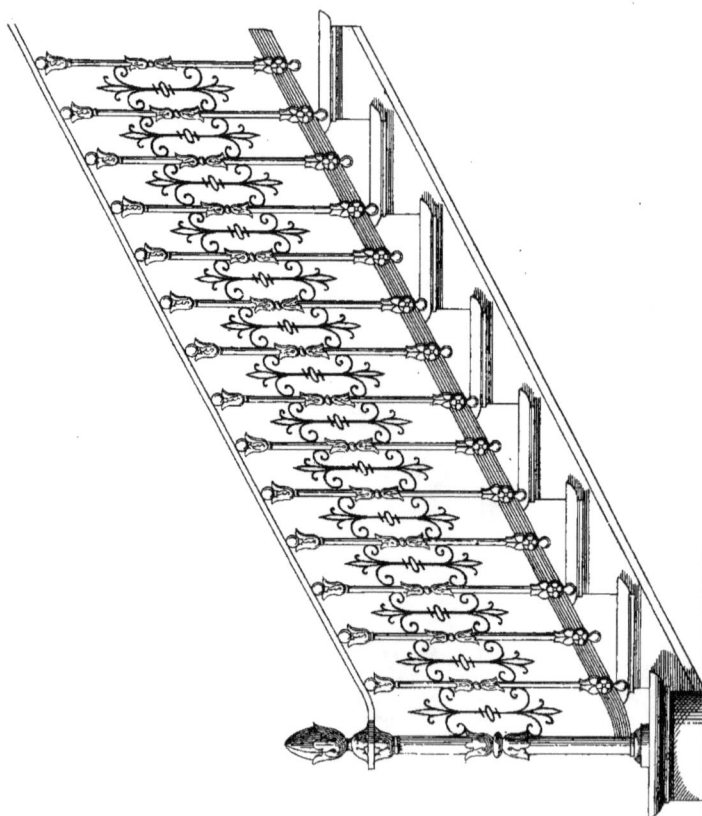

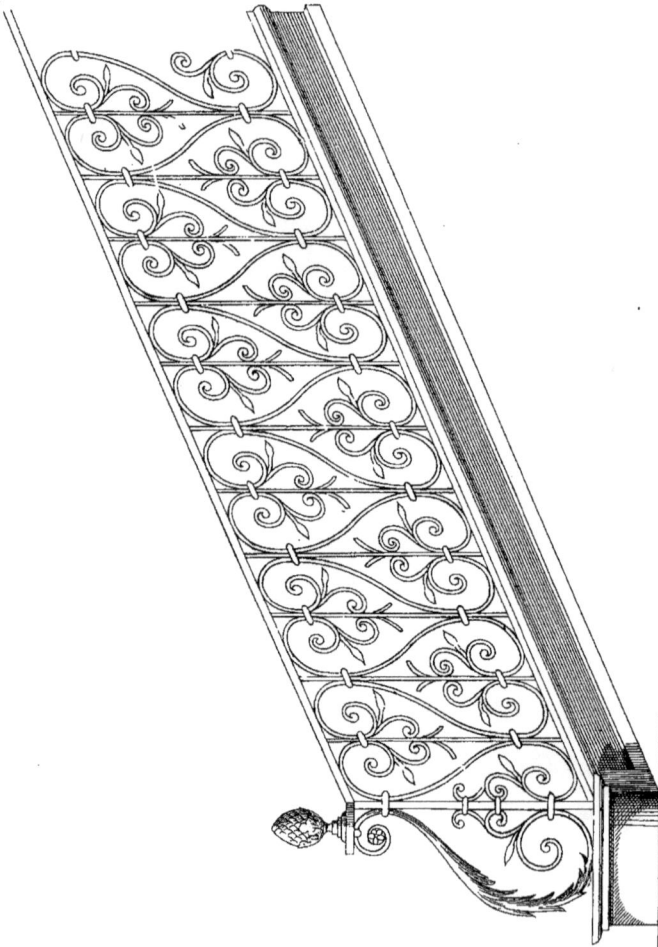

Imp. Lemercier et Cⁱᵉ 149 quai Voltaire, Paris

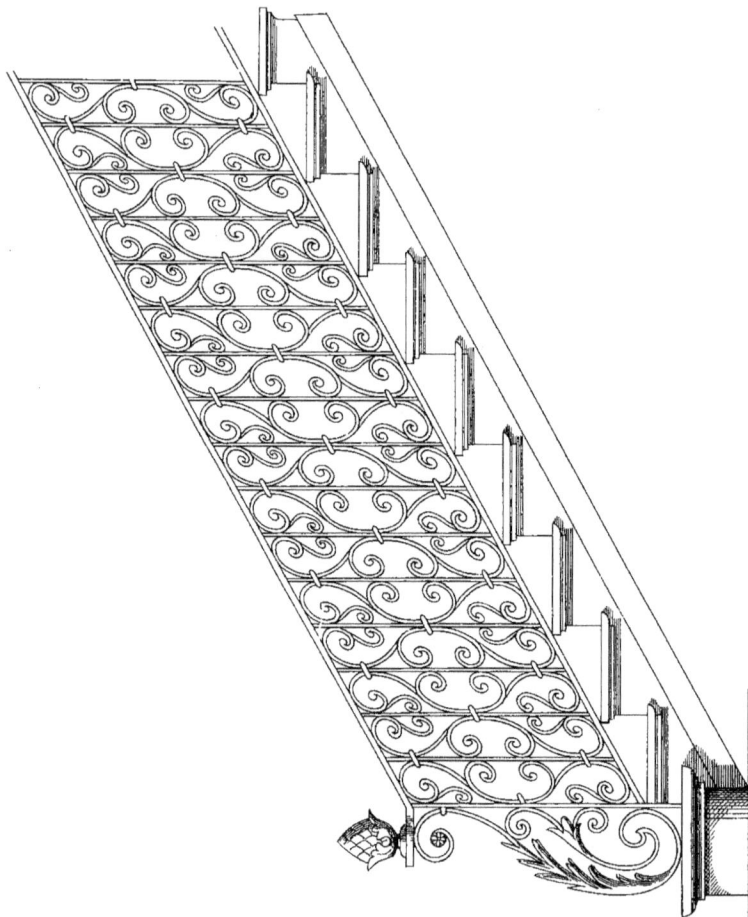

B. Lavedan del

Librairie Artistique de E. DEVIENNE et Cⁱᵉ. Éditeurs
16 Rue Bonaparte Paris

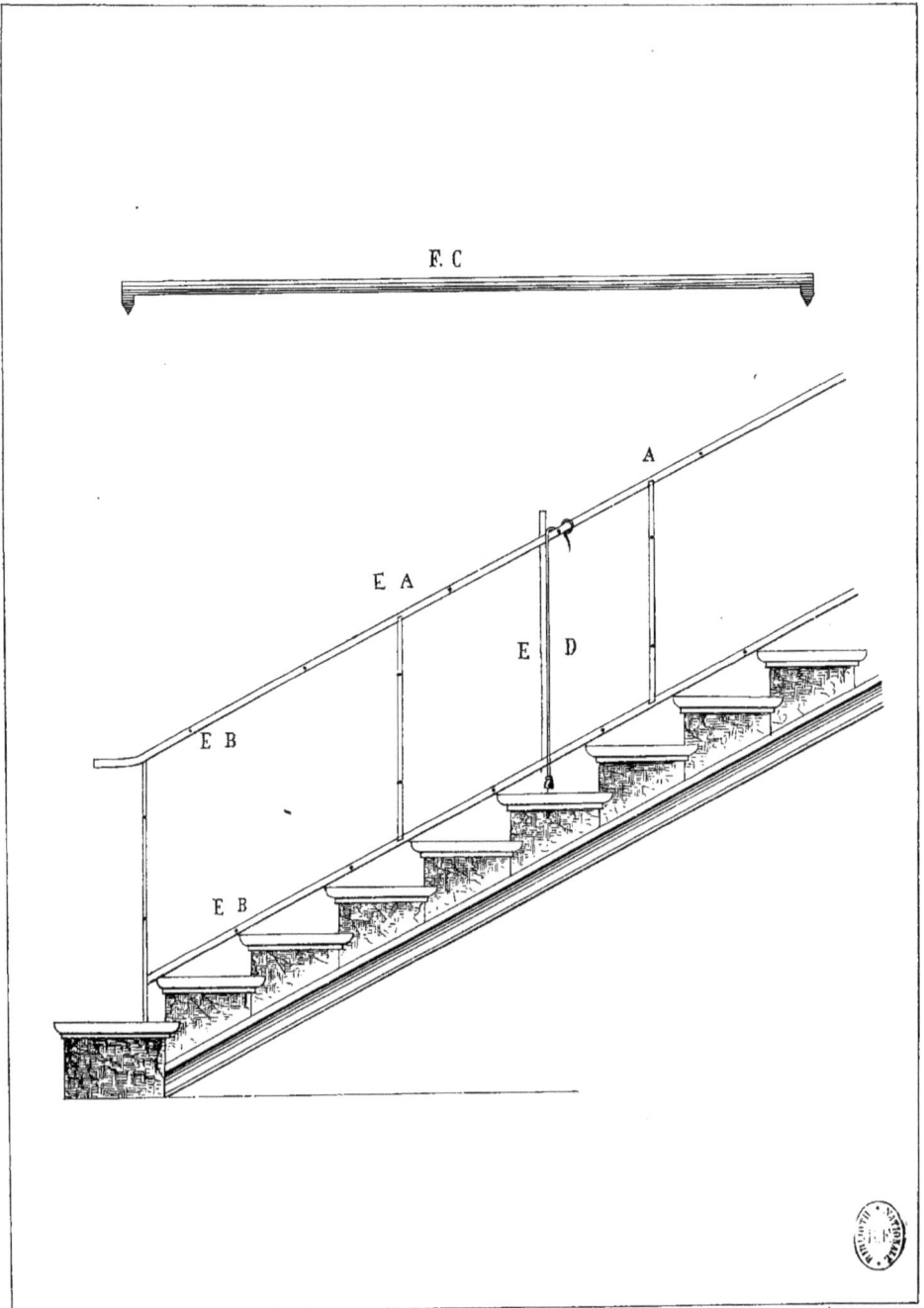

F. C

A

E A

E D

E B

E B

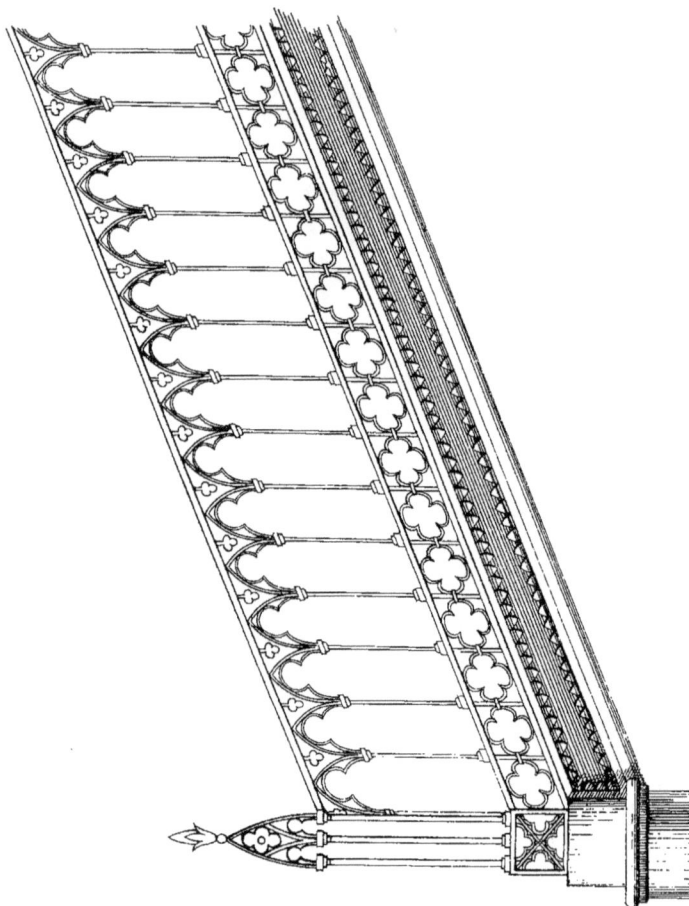

Librairie Artistique & Ind.ᵉˡˡᵉ Dᵘ GENNE 130 Ferrand.

16 Rue Bonaparte Paris

B Lavedan del

Assᵗⁱᵒⁿ dᵉᵘᵗ lith Guillaumin et Cⁱᵉ 148, Quai Valmy, Paris

Librairie Artistique de E. DEVIENNE et Cⁱᵉ. Éditeurs

16 Rue Bonaparte Paris

Librairie Artistique de E. DEVERNE et J. Barresto
13 Rue Bonaparte Paris

Lavedan del

Imp. Lith. Gérard et Cie 149 Quai Voltaire Paris

de E.DEVESNE à Châlons s/s
Rue Bourbourg 4

3me Partie

No 1590

1ʳᵉ PARTIE — 2ᵉ PARTIE — 3ᵉ

Clefs,
Entrées, Serrures
Cache-Entrées,
Coffres-Forts,
et détails d'exécution.

Balcons de Croisées,
Grands Balcons,
Appuis de Communion,
Escaliers, Rampes, Détails
principes et outils spéciaux
du tracé.

Grilles
d'Allée,
de Clôture,
de Cimeti
Impost
Ferr

B. Lavedan del.

Librairie Artistique de E. DEVIENNE et Cᵗᵉ Éditeurs,
18, Rue Bonaparte. Paris

DE S. M. L'IMPÉRATRICE.

Ass⁽ᵗⁱ⁾ &oᵘ⁽ᵗⁱ⁾ lith. Guillaumin et Cⁱᵉ 149 Quai Valmy, Paris

3me.

Librairie Artistique J. E DUMONT et Cie Paris

PARTIE.

B. Lavedan del

Ass. genv. imp. Schlaesing et Cⁱᵉ 143 Quai Valmy, Paris

Librairie Artistique de E. DEVIENNE et Cⁱᵉ Éditeurs
30 Rue Bonaparte Paris

Librairie Artistique de E. DEVIENNE et Cie Éditeurs

18, Rue Bonaparte Paris

B Lavedan del

Assⁿᵈᵉᵒⁿ lith Guillaumin et Cⁱᵉ 168, Quai Valmy, Paris

Librairie Artistique de F. DEVIERNE et Cⁱᵉ Éditeurs

B. Lavedan del.

Ass^ⁿ d'ouv^ⁿ Imp. Guillaumin et Cⁱᵉ 149, Quai Valmy, Paris

Librairie Artistique de E. DEVIENNE et Cⁱᵉ Firenze
Rue Bonaparte Paris

B. Laverrier

Imprimerie Lemercier et Cie, rue de Seine, 57, Paris

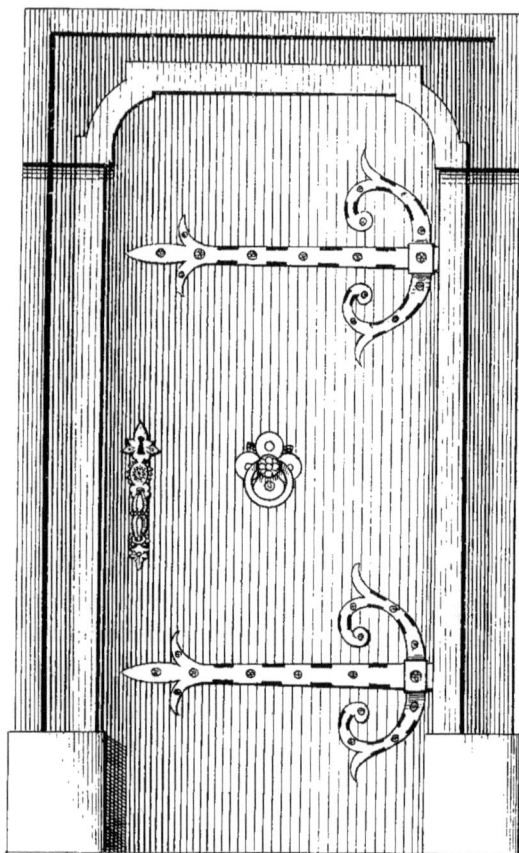

H. Lavoriau del.

Ass⁻ᵗᵈᵉˢᵛ⁻ᵗˢ lith Guillaumin et Cⁱᵉ 149 Quai Valmy Paris

B. Lavedan del

Ass.ᵗᵉ d'eᵗ° lᵗⁱⁿ Guillaume et Cⁱᵉ 148 quai Vanny Paris

. librairie artistique de E. DEVIENNE et Cⁱᵉ Editeurs .
  .. Rue Bonaparte Paris

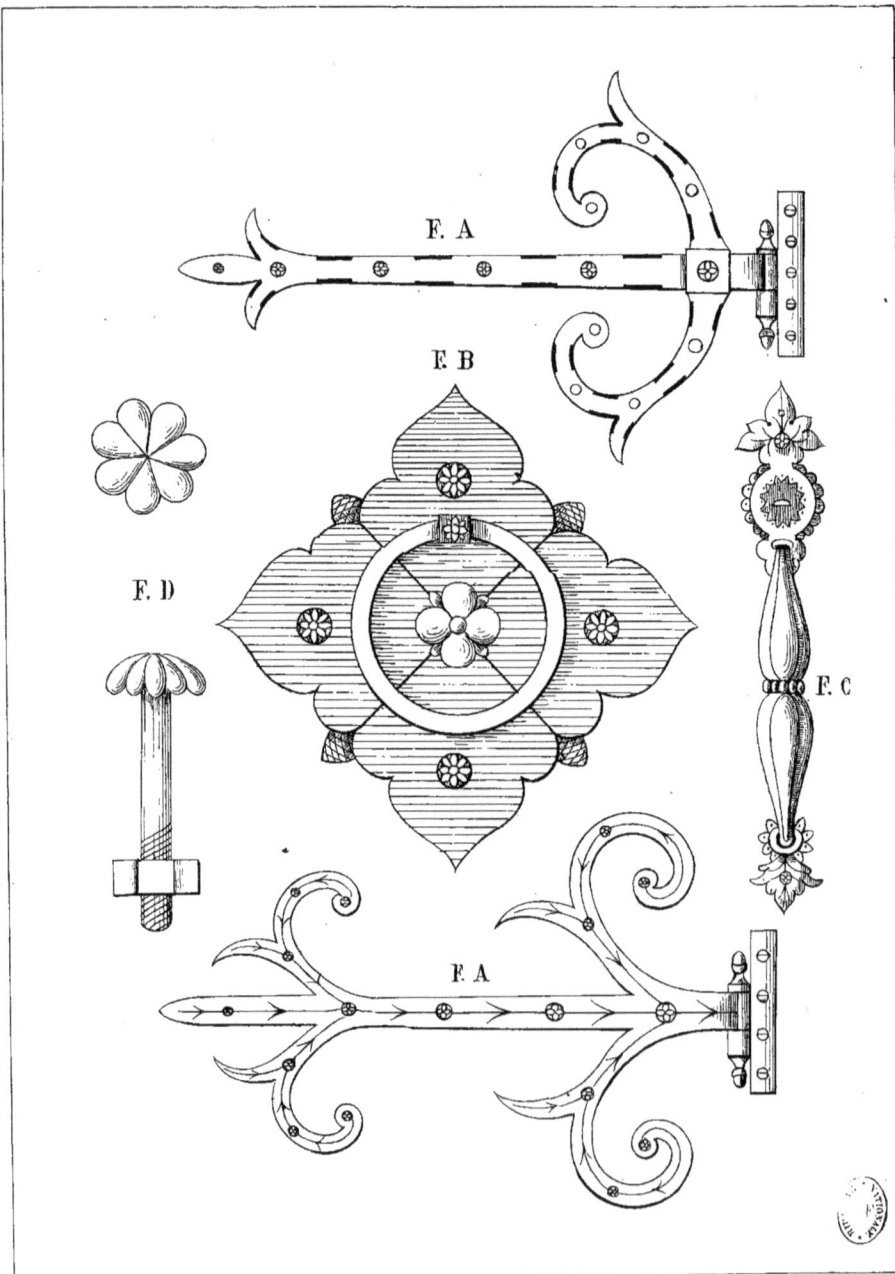

F. A

F. B

F. D

F. C

F. A

Ass⁻ᵗ dessⁿᵉᵗ imp. Gendesann et Cⁱᵉ 148, Quai Valmy, Paris.

Librairie Polyt. de A. DECQ A Liège.
et rue Hautefeuille à Paris.

B. Lavedan del

Librairie Artistique de E. DaVIENNE et Cⁱᵉ Éditeurs
15 Rue Bonaparte Paris

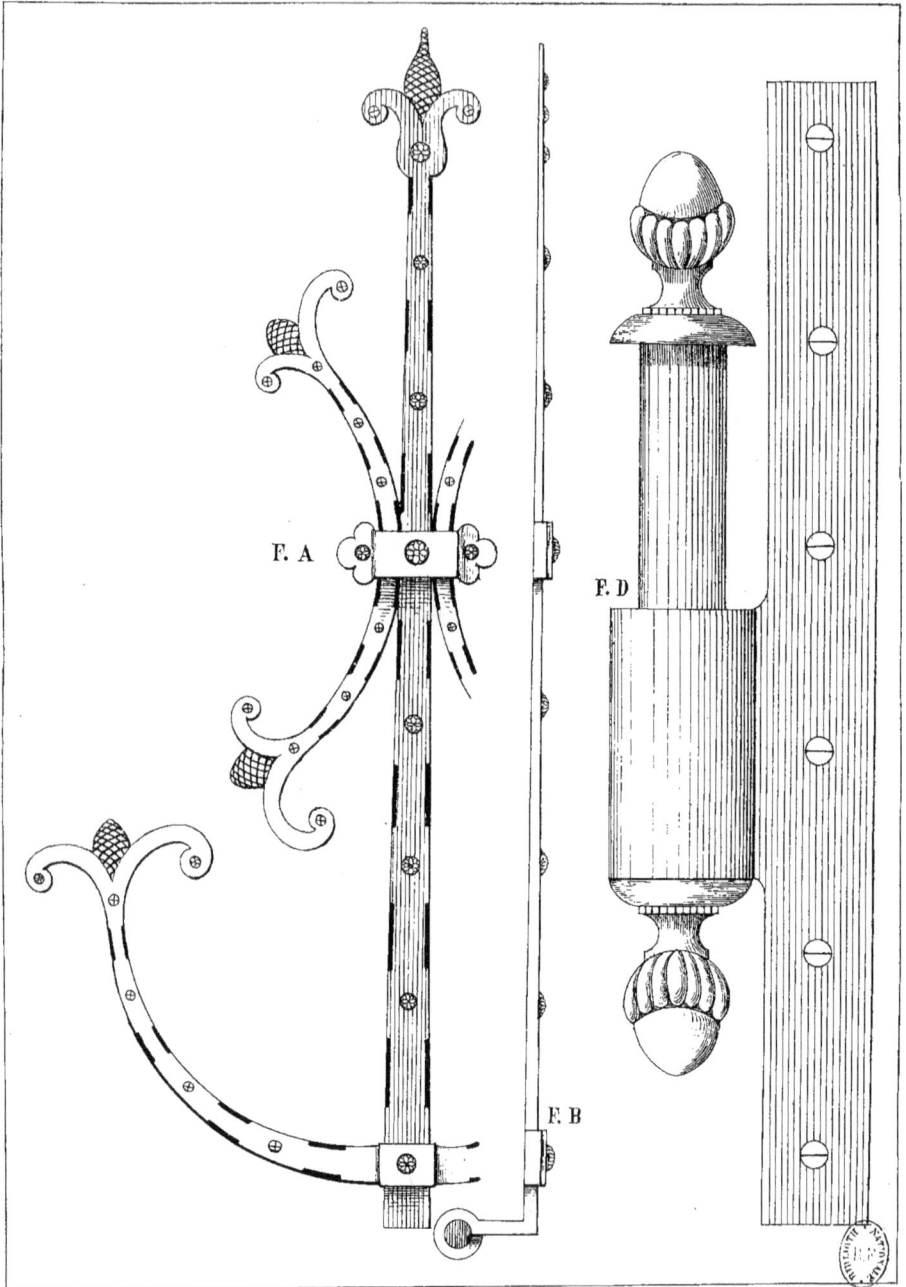

F. A

F. D

F. B

Librairie Artistique A. E. DELIGNE et Cⁱᵉ éditeurs

13 Rue Bonaparte Paris.

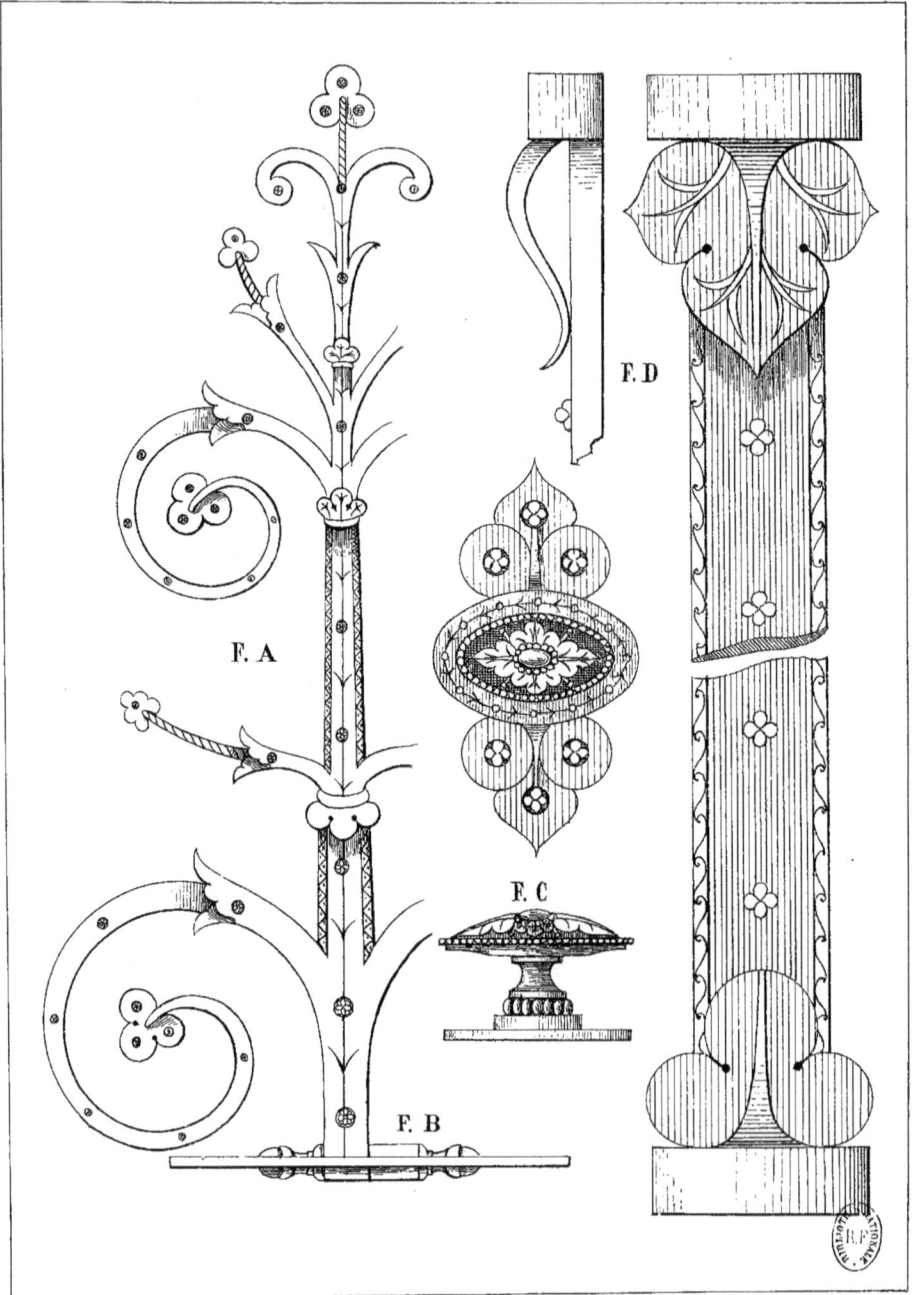

F. A

F. B

F. C

F. D

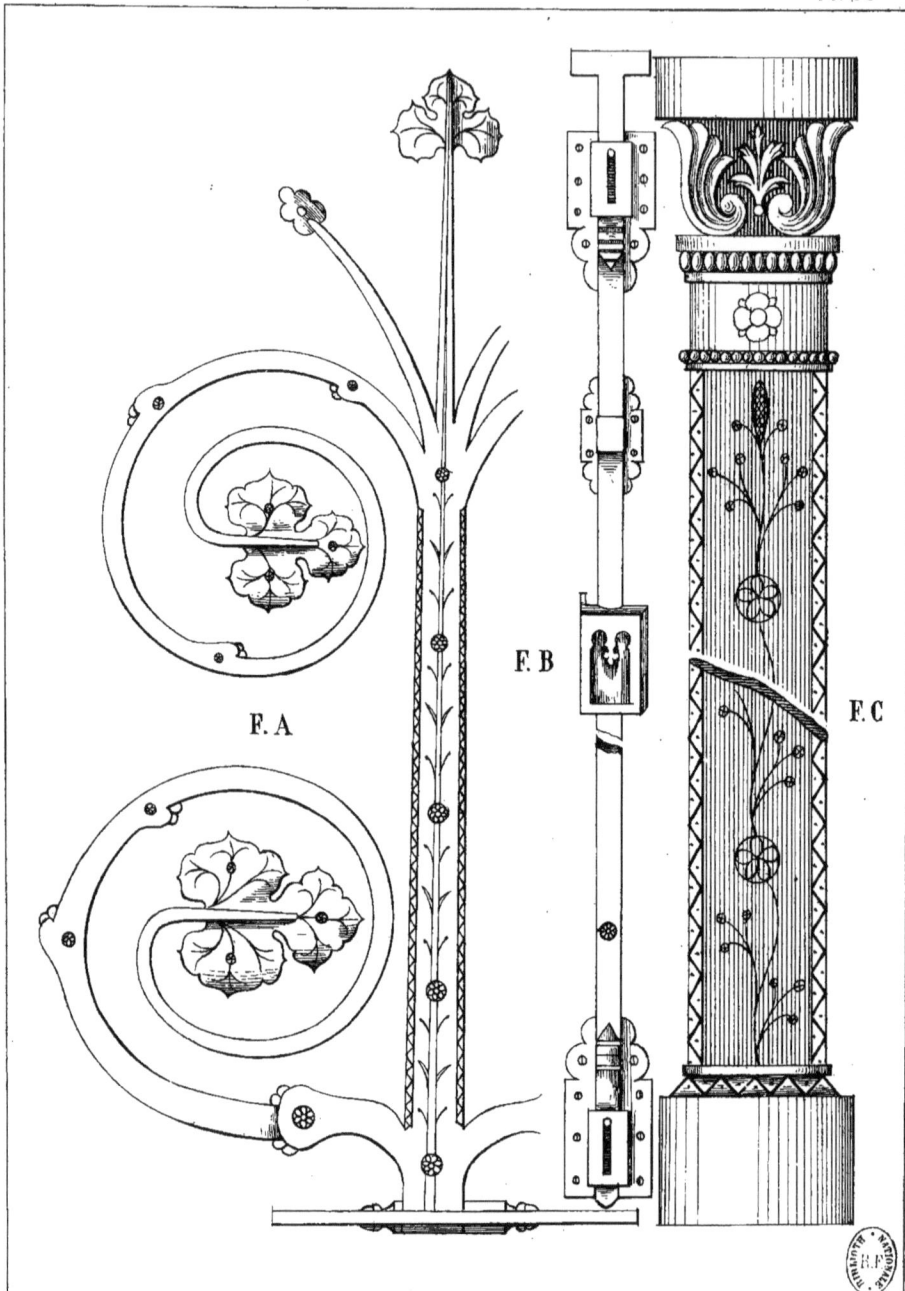

F. A

F. B

F. C

B Lavedan del

Ass⁻ᵗᵉᵘʳˢ Imp. Guillaumin et Cⁱᵉ 143 Quai Valmy Paris

Librairie Artistique de E DEVIENNE et Cⁱᵉ Fleurus
.. Rue Bonaparte Paris

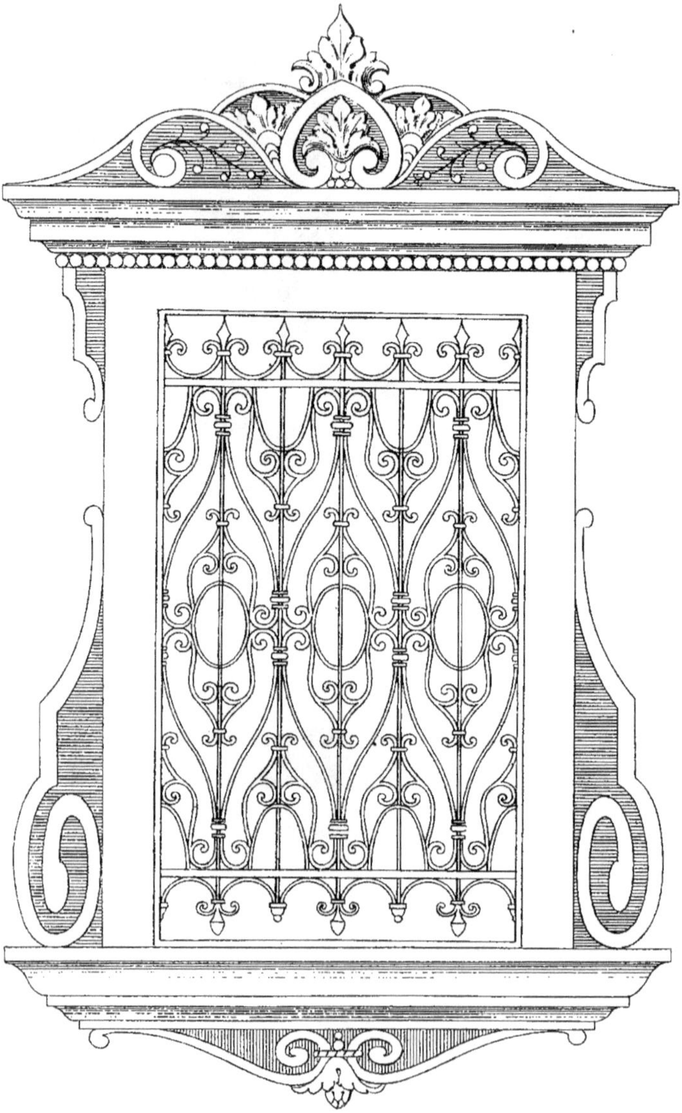

Quai Valmy Paris

B. Lavedan del.

Ass.ᵗ d'impr. des Dardaumin et Cⁱᵉ 149 Quai Valmy Paris

Librairie Artistq. de B. BANCE et Cⁱᵉ Éditeurs
2, Rue Bonaparte Paris

Librairie polytechnique de BAUDRY et Cⁱᵉ éditeurs
15 Rue des Saints-Pères Paris

R. Lavodan del.

Imp. et Lith. Réunies F. Ch. 143 Quai Valmy, Paris

Librairie Artistique de E. DEVERNE et Cⁱᵉ Éditeurs
16, Rue Bonaparte, Paris

B. Lavedan del

Assⁿ ᵈⁱᵗᵉᵘʳ lith. Guillaumin et Cⁱᵉ 145 Quai Valmy, Paris

Librairie Artistique de E. DEVIERNE et Cⁱᵉ Éditeurs,
16 Rue Bonaparte Paris

B. Lavedan del

Ass⁺ᵉⁿᵗ lith Gerveaonne et Cⁱᵉ 145 Quai Valmy, Paris

Librairie Artistique de E. DeVIERNE et Cⁱᵉ Editeurs,
16 Rue Bonaparte Paris

B. Lavedan del

Ass⁰ⁿ géⁿᵉ Imp Guillaumin et Cⁱᵉ 149 Quai Valmy Paris

Librairie Artistique de E. DEVIENNE et Cⁱᵉ Éditeurs
12 Rue Bonaparte Paris

Ass⁺ⁱᵈᵉᵐᵗ Imp. Gonlaumont et Cᵉ 143 (au Vaugy Paris

B Lavedan del.

Imp. Lemercier et Cⁱᵉ, 57, rue de Seine, Paris

Librairie Artistique de E. DUCHER et Cⁱᵉ Éditeurs
35, Rue Bonaparte, Paris

B. Laveriat del.

Librairie Architecture de L. LAURENT, à Paris.

B. Lavelle : del.

Ass⁰ᵈᵒᵘᵗ Im Gerdaumm et Cⁱᵉ 148 Quai Valmy Paris

Librairie Artistique de E. DUVERNE à Cⁱᵉ Éditeurs
13 Rue Bonaparte Paris

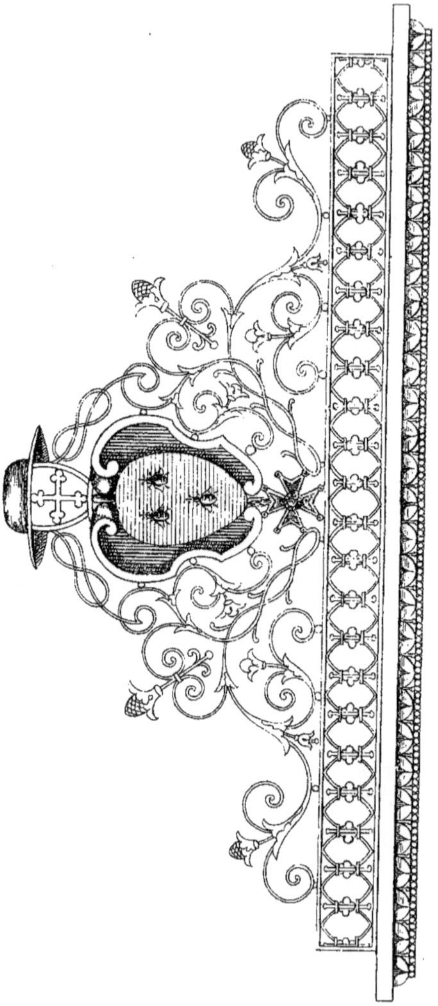

P. Lavedan, del.

Imp. Eug. Gaillard, Chardon et Cⁱᵉ, 142, Quai Voltaire, Paris

B. Lavenas del.

Ass¹ᵉᵐᵗ de Guitleaumin et Cⁱᵉ 148 Quai Valmy Paris

Librairie artistique de LEVENAT et Bonnin

Ass¹ᵈᵒᵘ¹ʰ imp. Guillaumot et Cⁱᵉ 149 Qⁱᵉ Vaimy Paris

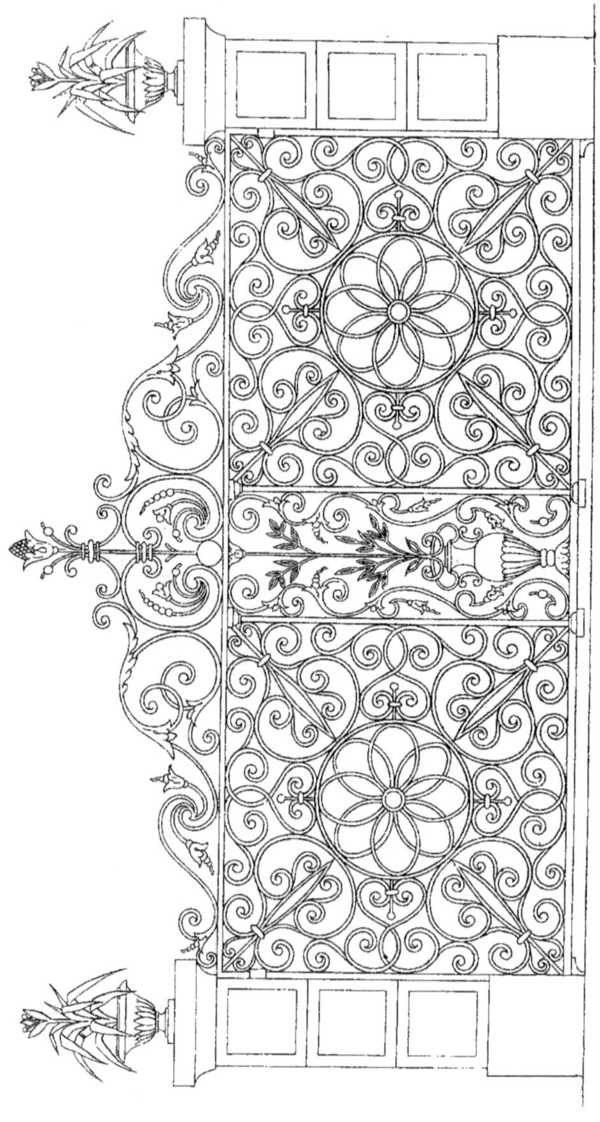

Quai Voltaire Paris

Librairie Artistique de E. DEVIGNE et Cⁱᵉ, Éditeurs
31 Rue Bonaparte, Paris

B. Lavedan del

Imp. Lemercier et Cⁱᵉ 165 quai Valmy Paris

Librairie Artistique de J. DEVLERNE et Cⁱᵉ Éditeurs.

B Lavedan del

Ass⁺ᵈᵒᵘᵛᵐ Im Guillaumin et Cⁱᵉ 148 Quai Valmy Paris

Librairie Artistique de E. DEVIENNE et Cⁱᵉ éditeurs
6 Rue Bonaparte Paris

B Lavedan del

Librairie Artistique de E DEVIENNE et Cⁱᵉ Éditeurs

16, Rue Bonaparte Paris

Librairie Artistique de F. DEVIENNE et Cⁱᵉ. Éditeurs ,

18, Rue Bonaparte Paris

B. Lavedan del

Ass᷂ écᵗᵛ Em Guillaumin et Cⁱᵉ 148 Quai Valmy, Paris

Librairie Artistique de E DEVERNE et Cⁱᵉ Editeur

B Lavedan del

Ass⁰ᵉ Anᵐᵉ Imp Guillaumin et Cⁱᵉ 149. Quai Valmy, Paris

Librairie Artistique de E. DEVIENNE et Cⁱᵉ Editeurs .
18, Rue Bonaparte, Paris

B. Lavedan del

Ass^(nt) deux^(lle) des Gouvernemn et Cⁱᵉ 143 Quai Valmy Paris

Librairie Artistique de E. DEVIENNE et Cⁱᵉ Editeurs

18, Rue Bonaparte, Paris

P. Lavedan del

Ass.ᵗⁿ dᵉⁿᵛˡˡ lith Guillaumin et Cⁱᵉ 148 Quai Valmy. Paris

Librairie Artistique de F. DEVIENNE et Cⁱᵉ. Éditeurs,
58 Rue Bonaparte Paris

GUIDE PRATIQUE

DE

SERRURERIE USUELLE ET ARTISTIQUE.

Ass^{on} d'ouv^{rs} lith. Guillaume et Cie 148 Quai Valmy, Paris

Librairie Artistique de ... Éditeurs

B. Lavedan del.

Ass⁺ᵉ⁺ᵈᵉᵘˣ Imp Guillaumin et Cⁱᵉ 145, Quai Voltaire, Paris

Librairie Artistique de E. DEVIENNE et Cⁱᵉ Éditeurs,

18 Rue Bonaparte. Paris.

B. Lavedan del

Ass^(tion) d'ouv^(ers) Jms Guillaumin et C^(ie) 149, Quai Valmy, Paris

Librairie Artistique de E. David, N. et C^(ie) Éditeurs, 16 Rue Bonaparte, Paris

B Lavedan del

Ass^{ion} d'prv^{rs} Im Guillaumin et Cie 149, Quai Voltry Paris

Librairie Artistique de E. DEVIENNE et Cie. Éditeurs ,

18, Rue Bonaparte, Paris

B. Lavedan del

Ass⁺⁺ⁿ᷇ᵉ⁇ⁿ⁺ Lith Goulaumin et Cⁱᵉ 149 Quai Valmy Paris

Librairie Artistique de E. DEVIENNE et Cⁱᵉ. Editeurs,
18, Rue Bonaparte, Paris

B. Lavedan del

Imp. Lemercier et Cⁱᵉ, 57 rue de Seine, Paris

Librairie Artistique de E. DEVIENNE et Cⁱᵉ Éditeurs,
18 Rue Bonaparte Paris

B. Lavedan del

Ass.ᵗᵈᵒⁿʳ Lith Guilaumm et Cⁱᵉ 149 Quai Valmy, Paris

Librairie Artistique de E. DEVIENNE et Cⁱᵉ. Editeurs.

6 Rue Bonaparte Paris

B. Lavedan del.

B. Lavedan del   Ass⁻ᵗᵉ ᵍᵉⁿᵉʳ Imp Gonilaurum et Cⁱᵉ 149 Quai Valmy. Paris

Editeur Jnlery & de B DEVIENNE 10ᵉ Editeur

B. Lavedan del

Ass.ᵗᵈᵒⁿ Lith Guilaumin et Cⁱᵉ 149, Quai Valmy, Paris

Librairie Artistique de E DEVIENNE et Cⁱᵉ Editeurs.

18, Rue Bonaparte Paris.

B. Lavedan del.

Ass⁺ ébᵗ⁻ Jus Guilaumin et Cⁱᵉ 145 Quai Valmy, Paris

Librairie Artistique de L. DeVZERNE et Cⁱᵉ Éditeurs
18 Rue Bonaparte Paris

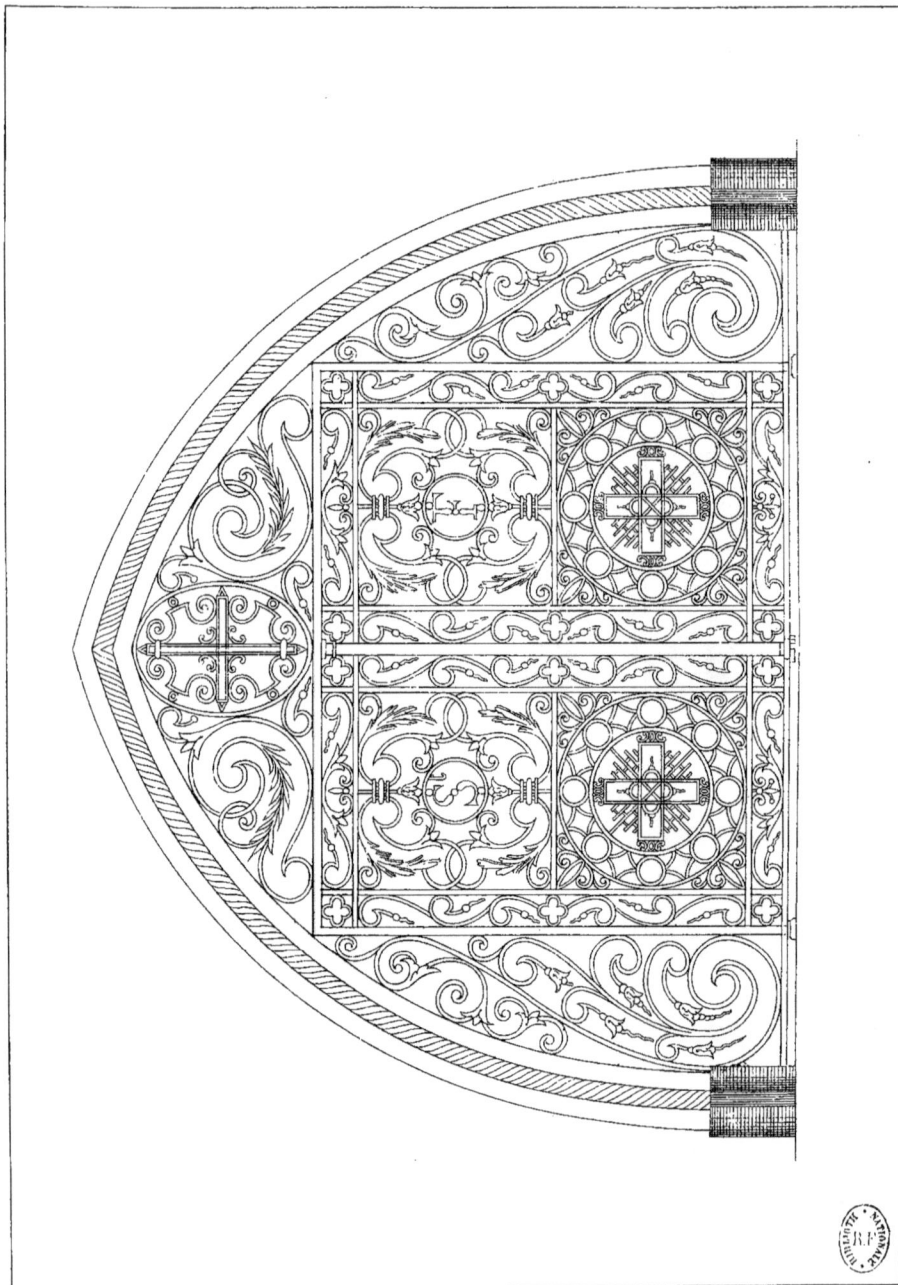

B. Lavedan del

Ass^ᵗᵈᵉᵐ lith Gexiaumin et Cⁱᵉ 148 Quai Valmy, Paris

Librairie Artistique de E.DEVIENNE et Cⁱᵉ, Editeurs,

18. Rue Bonaparte. Paris

B. Lavedan del

Ang.⁽ᵉ⁾ ⁿ⁽ᵉ⁾ Jᵒᵉ Guillemin et Cⁱᵉ 149. Quai Valmy. Paris

Librairie Artistique de E.DEVIENNE et Cⁱᵉ Éditeurs,

16, Rue Bonaparte, Paris

B. Lavedan del.

B. Lavedan del.

Librairie Artistique de E. DEVIENNE et Cie, Editeurs,
18, Rue Bonaparte, Paris

B. Lavedan del

Ass°°ᵈᵇˢˢ˟ Imp Guillaumin et Cⁱᵉ 149 Quai Valmy, Paris

Librairie Artistique de E. DEVIENNE et Cⁱᵉ, Éditeurs

18, Rue Bonaparte, Paris

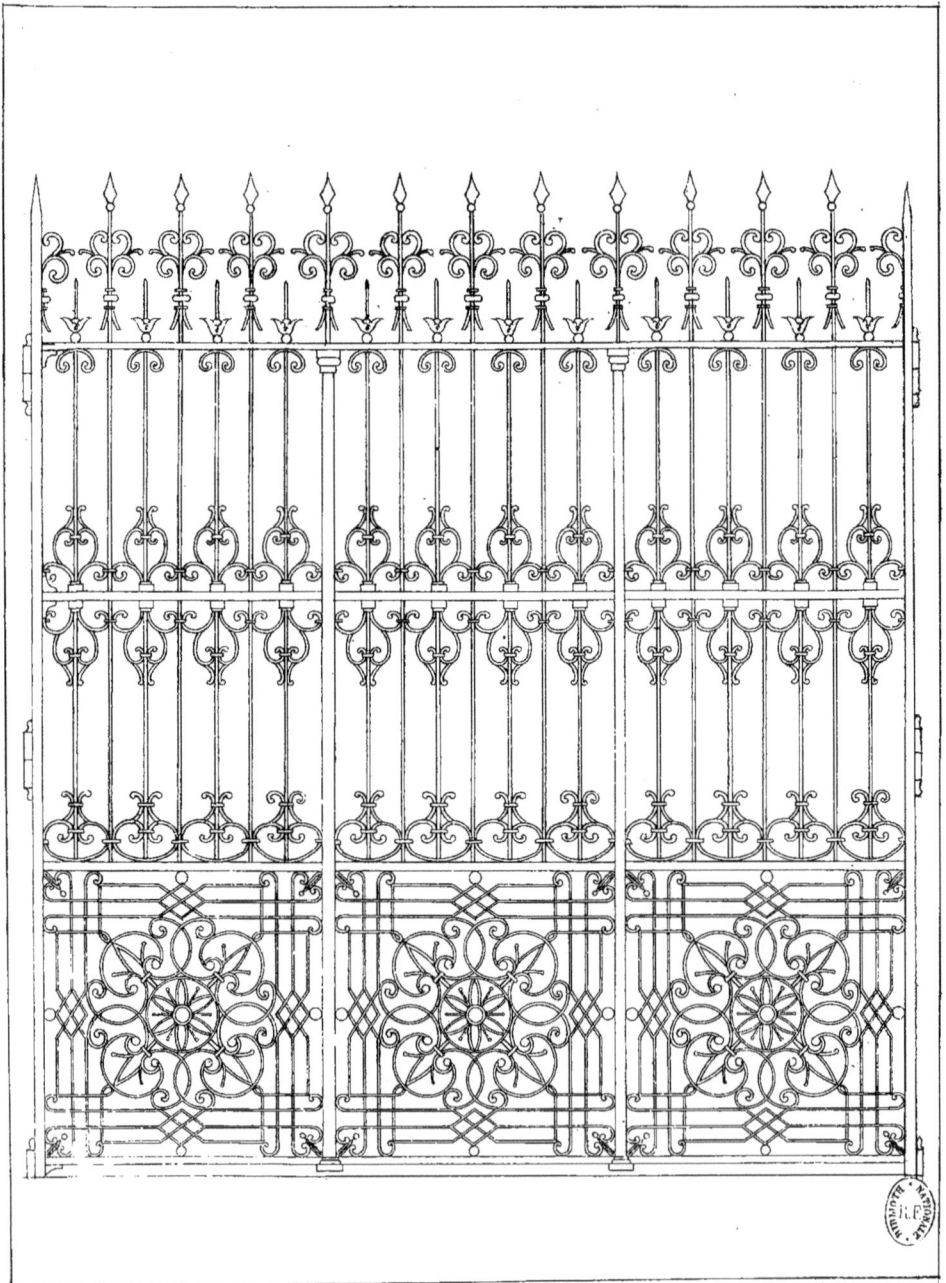

R. Lavedan del

Ass᷎dem᷎ lith Guillaumm et Cⁱᵉ 145 Quai Valmy, Paris

Librairie Artistique de E. DEVIENNE et Cⁱᵉ Éditeurs
9 Rue Bonaparte Paris

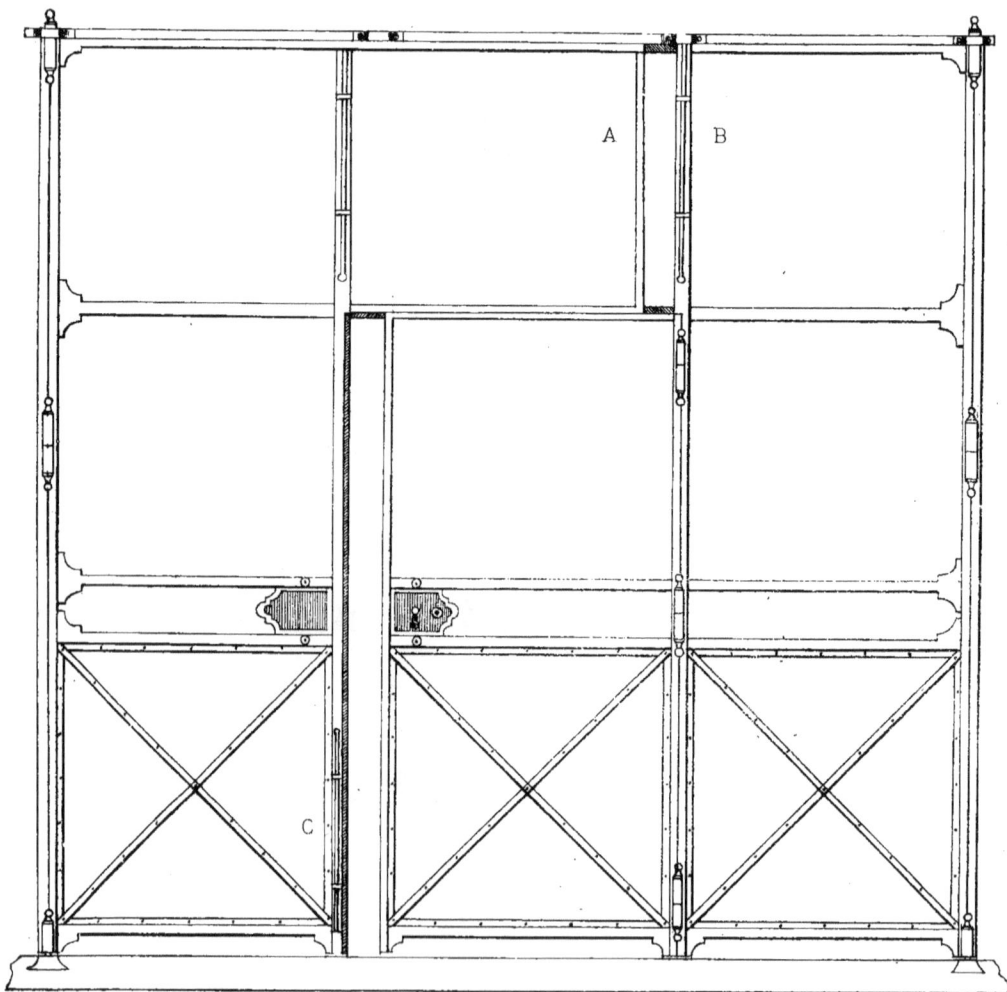

A   B

C

Ass⁻ᵈᵒⁿⁱ lith Guillaumin et Cⁱᵉ 148, Quai Valmy, Paris

Librairie Artistique de E. DEVIENNE et Cⁱᵉ Éditeurs
2 Rue Bonaparte Paris

ECOLE

IQUE

ET ARTISTIQUE.

Pl. 69

RÉTIENNE

JHS

CIVIL

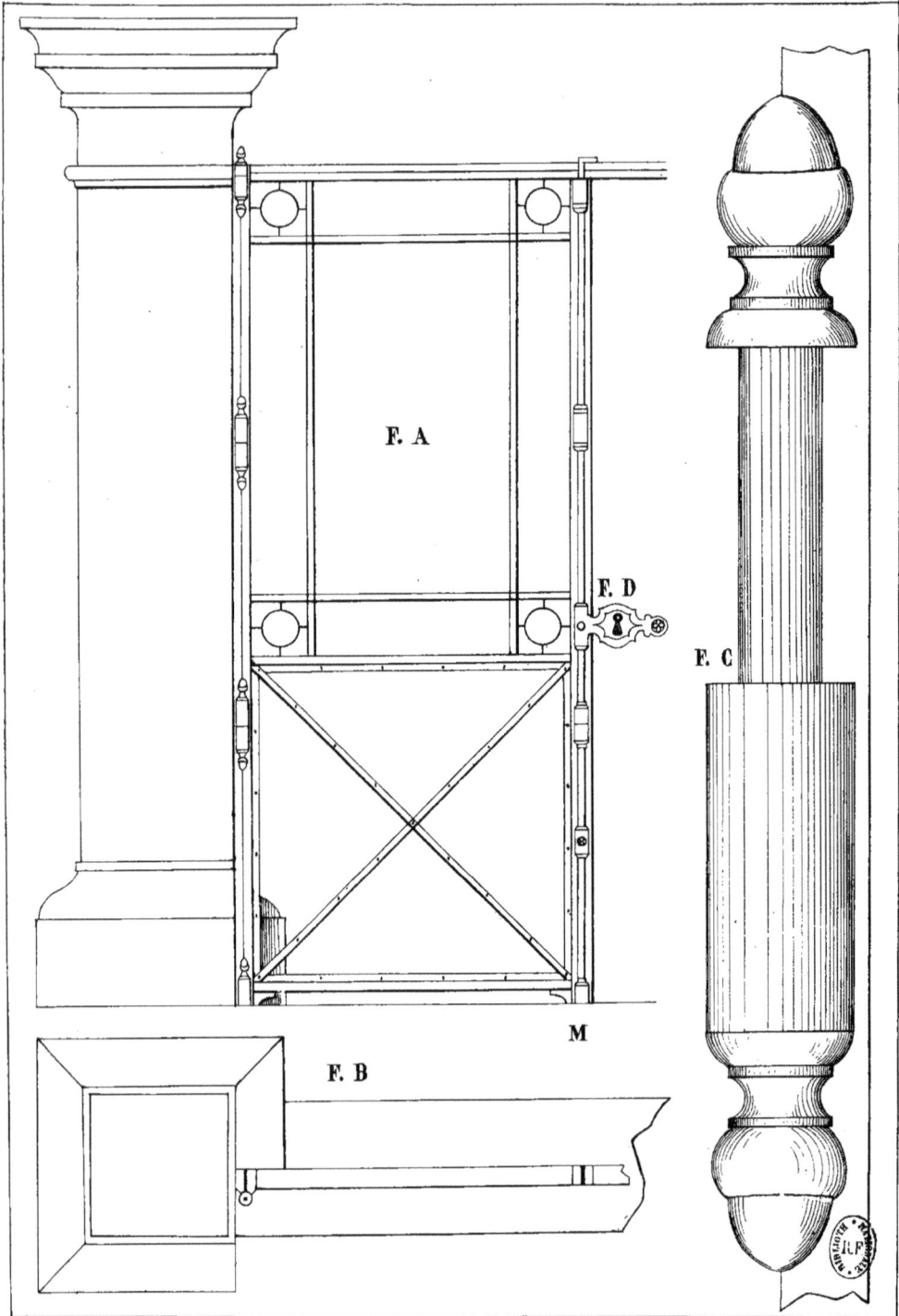

F. A

F. D

F. C

M

F. B

B. Lavedan del.

Assᵗ douvᵗ lith. Guillaumin et Cⁱᵉ, 149 Quai Valmy Paris

Librairie Artistique de P. DEVIENNE et Cⁱᵉ Éditeurs
16 Rue Bonaparte, Paris

B. Lavedan del

Assⁿ douvᵗᵉ lith. Guillaumin et Cⁱᵉ, 149, Quai Valmy, Paris

Librairie Artistique de E. DaVIENNE et Cⁱᵉ Éditeurs,
18, Rue Bonaparte Paris

B Lavedan del

Ass^ᵉ deux^ᵗ Jm: Goulaumm et C^ᵉ 149 ⸱qua⸱Valmy Paris

Librairie Artistique de E DONVIGNE et C^ᵉ ⸱ru⸱e⸱
⸱⸱ Fra⸱ Bonaparte⸱Par⸱

B. Lavedan del.

Assᵗⁱᵒⁿ dᵉˢᵖʳᵗ Ich. Gerdauman et Cⁱᵉ 143, quai Valmy, Paris

Librairie Artistique de E. DECHENNE et Cⁱᵉ Successeurs

Gr. Rue. Montparnasse 51

B Lavedan del

Librairie Artistique de E DEVIENNE et Cⁱᵉ, Éditeurs,
18, Rue Bonaparte, Paris

Pl. 76

Ass.^t éonr.^{al} Jun Guilleaumi et Cie 149 Quai Valmy, Paris

B. Lavedan del

Librairie Artistique de E.DEVIENNE et Cⁱᵉ. Éditeurs
18 Rue Bonaparte, Paris

Ars Vidonn Lin Gerwelzmm et Cie 148 Quai Valmy Paris

B Lavedan del

Librairie Artistique de E.DEVIENNE et Cⁱᵉ Éditeurs

B. Lavedan del

Librairie Artistique de E. DeVIENNE et Cⁱᵉ. Editeurs
18, Rue Bonaparte. Paris

Librairie Artistique de E.DEVIENNE et Cⁱᵉ. Éditeurs
18, Rue Bonaparte. Paris

Ass⁰ᵗᵉ ᵍᵉⁿˡᵉ lith Gentiaumm et Cⁱᵉ 148 Quai Vaimy Paris

3ᴱ PARTIE.

B. Lavedan del.

Librairie Artistique de E. DEVIENNE et Cⁱᵉ Éditeurs
16 Rue Bonaparte Paris

B. Lavedan del

...ibrairie Artistique de E DEVIENNE et Cⁱᵉ Éditeurs
18 Rue Bonaparte Paris

B. Lavedan del

Librairie Artistique de E. DEVIENNE et Cⁱᵉ Éditeurs
18 Rue Bonaparte, Paris

MAGENTA

SOLFERINO

HONNEUR

PATRIE

MAGENTA SOLFERINO

HONNEUR PATRIE

HOSPIC

TIQUE

MILITAIRE

B Lavedan del

Librairie Artistique de E.DEVIENNE et Cⁱᵉ Éditeurs .
16 Rue Bonaparte, Paris

Pl. 89

Pl. 90

GUIDE PRATIQUE

DE

SERRURERIE USUELLE ET ARTISTIQUE.

Ass^ts^ Génér^le Imp. Guillaumin et Cie 149, Quai Valmy, Paris

LA PATRIE

B. Lavedan, del

Imp Becquet P.

LÉGAL

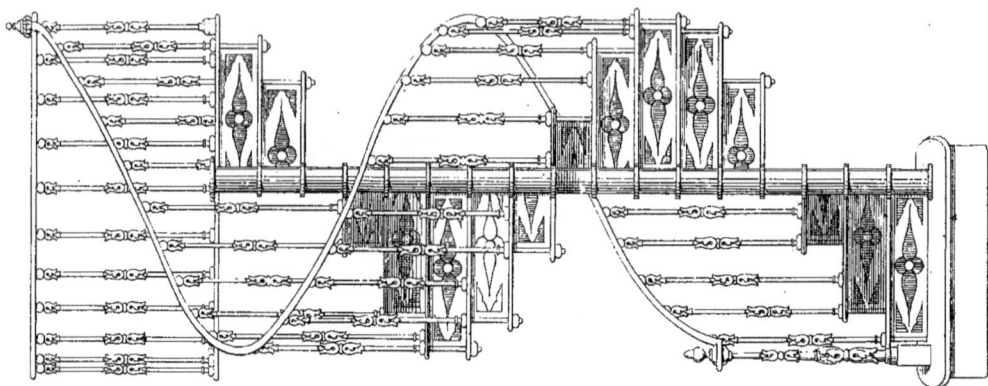

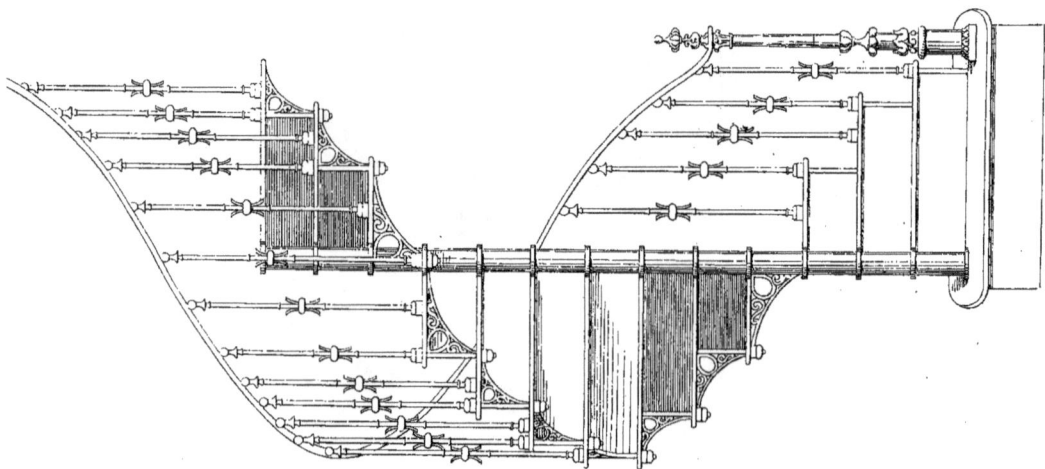